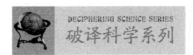

DECIPHERING SCIENCE SERIES
破译科学系列

王志艳◎编著

揭秘大自然中的
生命奇迹

科学是永无止境的
它是个永恒之谜
科学的真理源自不懈的探索与追求
只有努力找出真相，才能还原科学本身

延边大学出版社

图书在版编目（CIP）数据

揭秘大自然中的生命奇迹 / 王志艳编著 . —延吉：延边
大学出版社，2012.9（2021.6 重印）
（破译科学系列）
ISBN 978-7-5634-5047-3

Ⅰ．①揭… Ⅱ．①王… Ⅲ．①生命科学－普及读物
Ⅳ．① Q1-0

中国版本图书馆 CIP 数据核字（2012）第 220687 号

揭秘大自然中的生命奇迹

编　　著：王志艳
责任编辑：李东哲
封面设计：映像视觉
出版发行：延边大学出版社
社　　址：吉林省延吉市公园路 977 号　邮编：133002
电　　话：0433-2732435 传真：0433-2732434
网　　址：http://www.ydcbs.com
印　　刷：永清县晔盛亚胶印有限公司
开　　本：16K　165×230 毫米
印　　张：12 印张
字　　数：200 千字
版　　次：2012 年 9 月第 1 版
印　　次：2021 年 6 月第 3 次印刷
书　　号：ISBN 978-7-5634-5047-3
定　　价：38.00 元

大自然是个巨大的资源宝库，大自然的神奇，不仅在于它变幻万千、多姿多彩的色彩以及它的可知和不可知的一切，更在于它孕育和养育了各种千姿百态的生命奇观！它们的身影遍布于地球的每一个角落——从冰雪覆盖的南北两极，到终年炎热的赤道地带；从物种繁多的热带雨林，到风沙漫天的荒凉大漠；从渺无人迹的旷野塞外，到人流熙攘的都市乡村……到处都有生命的足迹，充满着生命的气息。而大自然的生灵们，更是以其特有的生命形态，共同谱写着神奇的自然生命乐章。这些自然生命景观的存在，使大自然充满了无限的生机与活力，它们的存在让人类的生活变得丰富多彩，从而使这个星球充满了绚丽而神秘的色彩……

为了让广大青少年读者更深入地了解我们赖以生存的家园和我们这个星球上奇妙的自然生命景观，我们特意编写了这本关于大自然中生命奇迹的书籍。希望广大青少年朋友阅读本书后，能够获得课本之外的知识更多，从书中获益，在本书的陪伴下快乐、健康地成长！

本书文字精练而优美、图文并茂，从全新的视角介绍了美妙而神奇的自然生命奇观，并配以百余幅精美的彩色图片，使读者朋友在获取知识的同时，感受到无穷的乐趣。

本书在编写过程中，参考了大量相关著述，在此谨致诚挚谢意。此外，由于时间仓促加之水平有限，书中存在纰漏和不成熟之处自是难免，恳请各界人士予以批评指正，以利再版时修正。

目录
CONTENTS

物种的起源之谜 //1

植物的寄生之谜 //11

植物定时开花之谜 //13

植物"睡眠"之谜 //14

植物有预测能力吗 //16

纵火花和灭火树之谜 //18

金身不败的"神木"之谜 //20

槐树喷火之谜 //22

黏菌"植物"之谜 //23

植物的情绪之谜 //25

植物预测地震之谜 //27

梅花之美在何处 //28

可致命的断肠草之谜 //31

全株都有毒的毒芹之谜 //32

含有毒性的夹竹桃之谜 //33

"见血封喉"的箭毒木之谜 //34

会"说话"的植物之谜 //35

能使人产生幻觉的植物之谜 //36

不怕烧的木头之谜 //37

会跳舞的"风流草" //38

北极苔原奇观 //39

植物有没有免疫功能 //42

植物的螺旋现象是受地球自转影响吗 //44

叶绿素是植物特有的吗 //46

植物引种驯化条件是什么　//48

植物光合作用的奥秘　//49

藻类植物进化探秘　//51

植物与真菌共生之谜　//53

有些植物不结籽之谜　//55

矮化砧果树矮化之谜　//57

果树嫁接成活的奥秘之谜　//59

萝卜糠心之谜　//61

黄瓜出现畸形瓜之谜　//62

仙人掌类植物多肉多刺的奥秘　//63

郁金香"盲蕾"之谜　//65

菊花千姿百态之谜　//67

动物的心灵感应之谜　//69

动物预报地震之谜　//71

动物的思维之谜　//72

动物的"电子战"之谜　//74

动物的报复行为之谜　//76

动物记忆力之谜　//79

海鸥的生死相随之谜　//82

神奇的双头蛇之谜　//84

善于思考的狒狒之谜　//86

被奉为"国宝"的大熊猫之谜　//88

在地下来去如梭的穿山甲之谜　//90

装疯卖傻的河马之谜　//92

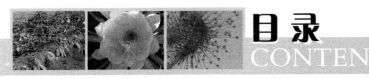

目录
CONTENTS

企鹅趣谈　//95

懒得要死的树懒之谜　//103

拦河筑坝的河狸之谜　//105

"酷爱干净"的浣熊之谜　//107

大象吞石之谜　//109

鲸鱼为什么能唱歌　//110

海怪之谜　//111

螳螂"谋杀亲夫"之谜　//112

散发"灯光"的灯笼鱼之谜　//114

离开水也能生存的弹涂鱼之谜　//116

会讲人话的猫之谜　//117

能说人话的黑猩猩之谜　//118

鱼类洄游之谜　//120

动物的伪装自卫术之谜　//121

白蚁为什么遭人讨厌　//125

会飞的狗之谜　//127

蝴蝶大聚会之谜　//129

乌鸦也会推理吗　//131

蛇吞象之谜　//133

鲨鱼也能救人吗　//135

白兔自燃现象之谜　//137

鲸是陆地动物还是海洋动物　//138

蜂群女王之谜　//140

动物白头偕老之谜　//142

凶猛野兽中的模范夫妻之谜 //149

节肢动物捕猎之谜 //154

海豹与海象走路之谜 //160

昆虫吃食之谜 //162

有袋动物之谜 //165

极地动物之谜 //167

海豚的神奇功能之谜 //169

蟋蟀的叫声之谜 //170

巨蟒之谜 //171

信天翁为什么与人为敌 //172

奇异的带鳞乌贼之谜 //173

独角鲸的神奇"独角"之谜 //174

始祖鸟化石之谜 //175

乌龟端午探亲之谜 //176

海豚救人之谜 //177

"生物时钟"主宰昆虫的生死之谜 //179

奇妙的天生神医之谜 //181

"大脚怪"的真面目之谜 //183

文波湖里有神龙吗 //184

物种的起源之谜

　　1835年的3月，大博物学家达尔文第一次率队勘察崎岖的秘鲁群峰。在登上安第斯山脉西面险峻的山坡道路，进入一条狭窄弯曲的小径时，骡队需要停下来休息。达尔文眺望动人的景色，嵯峨的顶峰，深邃的涧谷，在晴空中盘旋的巨型秃鹰。突然间，附近一面岩壁上的小发光物体吸引了他的注意力。走近细看，原来是一枚海贝。接着又看到无数贝壳，从同一条石灰石夹层凸出来。

　　达尔文迅速下了骡子，着手撷采贝壳。他知道那里海拔13000英尺左右。骡夫一直在抱怨天气寒冷，他也因空气稀薄而在喘气。这位博物学家若能在那里停留几天，就会有极大收获。可惜当时是南半球的夏末，如果开始降雪，这个在安第斯高山的恶劣环境下备尝艰苦的勘察队，就会被困。

　　达尔文采集贝壳化石时，发现其中有些与以前在太平洋海滩上采集的相似。在过去某个时期内，这些贝壳大概都沉在海洋底下。由于某种不详的隆起过程，从前是低洼的洋底，竟然升到

△ 大博物学家达尔文

13000英尺的高处。当时的地质学家一直以为，安第斯山脉是由火山喷出的熔岩造成的。达尔文推断，并不是全部如此。今天，我们晓得达尔文的说法很正确。慢慢漂移的地壳板块互相摩擦，在许多地域弄皱了洋底，还把洋底向上推，沿着几个大陆的边缘挤出了几条大山脉。

达尔文在这座高山采集的化石，促使他改变对地球年龄的看法，最后也改变了世人对地球年龄的看法。达尔文知道，带有贝壳的沉积物，从海底升到山巅，必须历经亿万年时间。达尔文也知道，安第斯山脉的贝壳绝非特殊例子。在阿尔卑斯山脉和其他山脉，以前也发现过类似的化石。

在某种意义上来说，藏在岩石里的化石，可视作过去年代的地质岩，记录着地球历史的年代递嬗，每一代各具其特有的生物体型。只要没有剧烈扰动，带有最老年贝壳的最老年沉积岩层，就会被压在任何沉积层系的底部。带有较幼年化石的较幼年海洋沉积物，必会沉积在洋底较老年岩层的上端。如果这些地层未曾变动，其年代顺序就如书中的页数那样排列分明。

化石除说明过去的地质变化过程外，还是地球上绝了种的生物的实证。自古以来，无数生物的遗体都沉积在海洋底下。虽然多半会腐坏，许多却有坚硬肢体。它们的形象嵌入洋底的沙砾、沉积物和粉沙内，得以保存下来，还深埋在不断沉积海底的其他有机体残骸下面。在陆地上，生物化石保存在原油坑、藓沼、沼泽、洞穴、河床、冰原等地。

达尔文在安第斯山脉有所发现前的时期，许多人早在地球各处发现过贝壳和骨骼。古希腊人曾在离海滩极远的内陆捡到海贝，因而推论海洋过去必曾一度涌至那片陆地。有时候可能发现类似庞大野兽骨骼的大碎块，希腊人却只认为那是神话中的怪物。

此后若干世纪内，人类在干燥的陆地上，陆续发现海洋生物的化石遗迹。但是很少人晓得希腊人对过去海平面改变的解说，更少人同意希腊人的说法。有些博学之士相信，化石是外来异物，从其他星球降落地球的种子长成；另一些学者坚持说，化石必是偶然在地里形成的生命拟态。还有些思想家推论，化石是魔鬼的杰作，埋在地里以愚弄好奇的人类。

在17世纪的欧洲，化石遗迹引起的谜团，有一种新的意义。教会学者看到《圣经》出现各种不同的阐释和译解，甚感震惊。当时维系社会与宗教所凭借的，是长期公认的圣经威权。宗教领袖为了维护这种威权，便着手以当代的科学方法证明神迹，特别要证明创世的记载确有其事，拿科学的事物来支持《圣经》的启示。

化石是地球上有奇怪生物的证据，关于化石问题，必须有个交代。剑桥大学学者雷伊（1627～1705）是一位极优秀的博物学家。他不相信化石是从遥远星球降落的种子长成的，也不相信是魔鬼的杰作；认为自己在内陆采集的贝壳化石，实在一点也不反常，即使与当时冲到海滩的贝壳相比也完全一样。在内陆的其他发现还有鱼类骨骼，而他晓得那些鱼类都栖于海洋深处。

雷伊相信教会的教义，认为在陆地上发现海生动物化石是《圣经》所载大洪水的证据。但他想知道，化石为什么不是较为平均地散布地球各地，而是聚积或堆压在岩石层中？化石堆里为什么间或会有地球上未为人知的奇怪生物遗迹？今天陆上的动物，不都是诺亚救上方舟里那些动物的后裔吗？

据雷伊推断，《圣经》上记载的四十昼夜洪水期间，所谓深渊里的水，必已满得溢出。深渊据说就是那些在地壳底下的蓄水池。他写到，在这种庞大压力下，洪水冲出"'神能'造成的那些宽阔的'口'和'隙'，使'渊源'裂开了"。这就圆满地解释了化石集中在陆上某些地区的原因。虽然雷伊仍未能说明何以会有未为人知的奇怪生物遗迹，但是其他问题似乎都有了交代。

不到一个世纪之后，新化石的发现，使科学家无法再忽略那些异常的现象。法国博物学家邱维埃男爵（1769~1832年）在巴黎周围的泥土中发现飞龙和其他珍奇兽类的骨化石。巴黎居民拥到石膏矿场，目睹他发掘骨头的情景。邱维埃根据遗迹重新拼成许多副骨骼，现出那些动物活着时的形象，这就更加耸人听闻了。

著名的法国小说家巴尔扎克也惊叹道："邱维埃不是本世纪最伟大的诗人吗？我们这位不朽的博物学家根据苍白的骨头重造了万物。他拿起一块石膏对我们说一声，'留神！'石膏就立刻变成动物，死物恢复了生命，另外一个世界也就展现在我们眼前。"

邱维埃像具有巫师法力似的，突然展出了一群绝了种的动物。这些动物绝不是胡乱凑在一起的。过去的动物正如目前的动物一样，都可分为鸟类、哺乳类、爬行动物等。

邱维埃从岩床中挖掘这些远古遗迹时，发觉海生动物化石远嵌在某一层岩层中，陆生动物化石则在另一层岩层中。在海陆两大类之间还间或有一岩层全无化石。邱维埃推论，法国这一部分地区必定会没于海水中；在这段期间，沉积物堆积成有海生动物化石的岩层。后来，海水退落，于是陆生动物化石出现于由湖泊与河流沉积物构成的另一岩层内。在这一带地区已发现过许多这样的层序。

就在邱维埃轰动法国前后，英国也有类似的发现。1811年，一位木匠的女儿玛丽·安宁在英国南部海岸一个崩倒的悬崖上，发现一副有21尺长的海生爬虫骨骼。威廉·史密斯是位敏锐的地质观察家，当年受雇为英国开凿新运河的工程师兼测量员。他在新挖凿的运河岸上，发现不少岩层，每层各有某一种个别化石遗迹。他察觉从内里化石断定出来的岩层，似乎是以同一的次序分布全球各地。史密斯绘制了一幅英国地图，表明"即使距离甚远，同一岩层中总找得到同类的化石"。

由于邱维埃和史密斯的观察报告，使地质学发展成一门真正科学。当时虽然其他科学家多半肯承认化石是真实动物的遗迹，但是几乎没有人认为这些遗迹及其有关系的岩层可以替历史提供明晰记录，用来确定地球历史上大事发生的次序。

1860年，德国一批工人在巴伐利亚州采掘石灰石矿时，发现一个显著的化石印痕，从来没有人见过类似的东西。这是个像小鸡般大小的动物铸型，有尖锐的牙齿，长长的头，细长的颈部，硕健的后腿，都是爬虫的特征。但铸型上还细致地显示出准不会错的印痕：一翼有羽毛，也有利爪。若是没有留下羽毛的印痕，谁会猜想它有羽毛，这种有爪有齿的动物，是鸟还是爬虫？

稍后，又发现这种动物的另外两个铸型。这些类似鸟的爬虫，可能在远古时代掉进淹没这个地区的珊瑚潟湖里，埋在细小海贝所形成的沉积物内。

由于细小海洋生物体的骨骼聚集在爬虫鸟的遗体上面，使爬虫鸟便获得保存，铸出清晰的形貌。后来，海底沉积物的软泥硬化为石灰石，这个铸型就这样保存了至少一亿三千五百万年之久，而那个潟湖早已干涸了。

这种史前的空中生物，称为始祖鸟。我们现在知道，它是演化成近代鸟类的最早、最原始的鸟类之一。

继始祖鸟之后，又发现了许多化石，每次都扩展了人类对地球过去历史的眼界。地势平滑的石灰质潟湖床和远古浅滩干涸了的滩底，现出早期爬行生物体型和涉水生物体型爬行的痕迹，有时甚至留下脚印。化石采集人在早已隆起了的孤独岩床上，无意中发现了亿万年前昆虫留下的曲折而凌乱的抓痕。这里有一只小蟹的行迹，或许远比人类的历史长久；那里又有已绝种鸟类的脚印，完好地铸在坚硬不碎的石头里。其他岩石中，还保存着早已灭绝的恐龙的足迹。

例如多佛和英伦海峡沿岸的白垩峭壁地方，成千上万英尺厚的石灰石床其实是化石坟墓。这种沉积是由含有丰富钙质的骨骼和细小海洋生物体的贝壳，在海洋中积累了亿万年而形成的。有些贝壳，好像达尔文在安第斯山脉采集到的，在白垩中保存得完整无缺。绝大多数贝壳已起了物理变化，成为白垩。贝壳、骨骼或植物组织的原本结构，有时被水中沉淀出来的矿物质取代，形成石化了的遗体。因此一般公认，海底和大陆上的沉积岩是过去的庞大墓地。

直到最近，科学家才了解海洋底下的史料有什么用处。十多年来，海洋学家一直在钻探海洋沉积物及其底下的岩石。特种探测船"格罗麦挑战"号的钻机，已深降到水面下3里，钻到沉积物上端，再深钻入沉积层。研究人员已经再向下钻探5709英尺，采回钻探岩芯。这些管状岩芯包括许多层沉积物质，其横断面说明海底的历史：经历过炎热和冰冷两个时期，还从洋底山岭逐渐向外移动等。此外，在几个相当长的时期中，海底有生物演化过程的记录。在陆地上，这种记录很罕见，原因是风的破坏与水的侵蚀，剥去了积聚的土壤与岩层。

多少年来，岩石里发现的记录始终找不到早期人类的证据。邱维埃认为，将来会证实没有化石人之类的东西，达尔文也无法引证从类人猿演化到人类那个阶段的化石。但到1868年，在德国尼安德谷发现一个人的头盖骨化石，额凸而低，还有较现代人远为原始的其他特征。有些权威学者坚持说，尼安德的头盖骨只是"真人"（又称现代人）中的一个畸形人。达尔文的友人博物学家赫胥黎说，不能把德国的尼安德特尔人视作人类演化过程的中间类型。他倒认为，尼安德特尔人虽然类型特别，但已是高等的人类。不过赫胥黎确实提出一个问题：在一些较古老的岩层中，未来的古生物学家会不会无法找到一些比当时已知的遗骸更似人类的类人猿骨骼化石，或更似类人猿的人类骨骼化石？

1887年，荷兰青年医生杜波在爪哇岛（当时为荷属东印度），发掘出他称为"直立猿人"的骨骼化石。此后就以爪哇原人为名。爪哇原人头盖骨扁平，外形颇似类人猿。但从大腿骨形状可知，他已经如人类一样直立走路了。

杜波宣称发现人类早期祖先，激起了极大公愤。许多人无法相信，现代人可能就是那种原始人的后裔。但是发现爪哇原人后不久，在北京附近周口店的一个洞穴里，又发现类似的一个头盖骨化石，称为北京猿人。在亚洲相隔这么遥远的地方所发现的两项证据，说明比现代人原始的一种人类，曾一度散布亚洲大部分地方。

1924年，南非维瓦特斯蓝德大学解剖学教授达特断定，唐格镇石灰石矿场发现的化石，是个6岁孩子的头盖骨，脑壳跟幼类人猿的一般大小，但是显然有其他属于人类的特征。过了20年，另一位南非古生物学家布鲁姆才采集到大量同类的成人头盖骨，足以证实这些早期生物不是有点异常的黑猩猩，而是与人类关系更为密切的较高等的灵长类动物，只是脑壳体形较小。这种动物称为"南方古猿"。使用钾-氩放射测定年代法，发现若干南方古猿遗骸有250万年之久。

在中非洲一带地区，新近发现一些早期猿人，距今已有375万年。从前认为南方古猿是人类的祖先，但现在看来南方古猿与早期猿人是同时生存的。新发现把人类世系追溯到三百多万年前。

那几个非洲人到底是怎么死的，没有人确实知道。在埃塞俄比亚阿法沙漠地区冲沟里发现的少女遗骸，可能死于一种恶性病。在肯亚图卡纳湖附近发现的成人遗骸，可能死于一次意外。从坦桑尼亚莱托利火山灰层下面掘出来的成人和孩子骸骨，是死于炽热的熔岩流还是死后才被火山灰掩埋的，则无法确定。

这些人的死因，我们所知甚少，因为他们死于380万到200万年前。可是，在1972年至1975年间发现了他们留下的部分骸骨，却成了世界各地报纸的头条新闻，因为到现在为止那是我们所发现的最古的猿人遗骸。这种古老得令人难以相信的动物，无疑就是我们的祖先。

这些划时代的发现，加上几年前另一些发现，几乎把30年前公认具有科学根据的人类起源理论全部推翻。关于这些发现有一点值得注意，就是绝大部分发现都由一家人包办。大家都把这个不平凡的一家叫做"幸运的李基家族"。

人类学家根据19世纪末和20世纪初，先后在爪哇岛和中国周口店发现的头盖骨推断，当时认为人类最早的直系祖先是"直立猿人"，大约100万年前首先在东亚出现，随后逐渐向西移徙，到达欧洲和北非沿海地带，慢慢进化成粗野的尼安德特尔人。后来大约4万年前，我们自己的种类"现代人"神秘地在地球上出现，遂在欧洲和世界其他各地繁衍。人类学家说，撒哈拉沙漠以南的非洲地区与这幕人类进化的戏剧毫无关系，因为那个地区在地理上是个死胡同，史前较晚近时期人类才移徙到那里。

1924年，首次发现跟这个说法不一致的证据。那年对历史素有兴趣的南非解剖学教授达特，把在南非好望角省唐格镇所发现的一块动物头盖骨鉴定为猿人，命名为"非洲南方古猿"。随后在别的地方又发现一些化石，有些人类学家因此认为至少有两种南方古猿同时生存：一种是达特鉴定的骨骼细长的动物；一种是稍后发现的骨骼较粗重的变种，叫做"粗壮南方古猿"。人类学家断定，这些猿人生存于200万年前。达特断言非洲南方古猿是人类出现之前那个时期的一种动物，属于尚在过渡时期的人猿。有十几年，专家拒绝接受这个说法。他们认为南方古猿是较晚期出现后来绝了种的灵长目动物，与人类无关。

但1959年，人类学家李基的妻子科学家玛利在坦桑尼亚奥尔杜维峡谷找到一个更大更粗壮的南方古猿的头盖骨。这块头盖骨所在的地层，刚好在一层火山灰上面，用钾-氩断定年代法测出这层火山灰已有180万年之久，几乎与达特的非洲南方古猿的假定年代相同。

不到两年后，李基的长子乔纳森发现了一些更高等猿人的头盖骨和肢骨。这是一连串发现的第一批，这种猿人的脑壳容积平均为650立方厘米（现代人的脑壳容积平均为1400立方厘米）。

李基家人因为在那一地层还发现粗糙石刀、石斧和简陋的栖身所，所以给这种动物定名为"巧人"，不过目前有些人类学家还是把这种猿人暂列为高等的南方古猿。

1972年，李基的次子李察率领的化石搜寻队中，有一名队员在肯尼亚的图卡纳湖畔掘出一块头盖骨的碎片。碎片所在的地层，经测定距今已有200多万年。由这些碎片所拼成的头盖骨，叫做"一四七〇"，因为它在肯尼亚国家博物院的目录中编为一四七〇号。一四七〇号头盖骨拼好以后，头形极似现代人的头。有这种头的人似应是巧人晚期的后代，可是他比巧人更古老，脑壳也较大，根本没有额峰可言。脑中主管言语的部位较大，可以想象当时已发展了初步语言。

在发现一四七〇同一地区掘出的腿骨，形状也极似现代人的，但不知道这些腿骨和那块头盖骨是不是同一个人的遗骨。

后来，李察那队人员又找到一个距今已有150万年的直立猿人的头盖骨，据推测是"一四七〇"的后代。他很像北京猿人，只是脑部略小而年代古老得多。他不是在中国而是在非洲演化而来的，还与南方古猿曾经同时共存。

有了这些新的发现，人类在地球上出现的年代显然要比过去设想的早100万年，大概是在非洲出现，可能有三四种人和近似人的动物在同一地区同时生存。

1974年，克里夫兰博物史馆的美国人类学家约翰森和法国地质学家泰伊比，也参加了追查人类进化史的工作。他们在非洲阿法三角地带，掘出了一副300万年前女猿人的骨骼。这个女猿人身高3英尺，死时约19岁，现在命名为"露西"。从解剖学来看，露西在动物学上既不能列为"人属"，又不是南方古猿，可能是另一种人猿的后裔。

1975年，玛利·李基在坦桑尼亚莱托利的火山灰中，掘出了迄今所知最古老猿人的牙齿和颌骨，经测定距今已有375万年。一副是成人的，另一副是约五岁孩子的。从形状上观察，他们可能是约翰森找到的露西和李察、李基找到的"一四七〇"的祖先，这样一来，人类的祖先竟可追溯到300多万年前，古人类学这门科学又向前迈进了一大步。

心脏衰弱和体力不济的人，不能从事搜寻猿人化石的工作。一旦找到骨骼化石，就须用牙科用的剔牙工具和刷子，十分小心地把化石剔出来，这是件非常辛苦的工作，要在非洲灼热太阳下弯着腰一连工作好几小时或许多天（挖掘露西共用了一千个工时）；然后把附近泥土用金属丝网筛筛过，看看有无：其他碎片；最后把碎片拼合。这种工作很像玩立体拼图游戏，只不过大部分碎片已经遗失，而且没有完成图可供参考。

为什么要费那么大的力气去寻找几块碎骨呢？"那种迫切要求就跟驱策《根》的作者哈利花费十年时间寻找自己祖先的来源一样。"约翰森回答，"区别在于哈利要寻找自己家庭的根源，我们却要寻找人类的根源。"

权威人士说，化石记录里缺漏之处仍然太多，因此无法把人类进化的过程连贯起来。可是，许多人类学家列举从东非到巴基斯坦分散得如此广的地区所发掘到的化石骸骨，提出一种理论说，早期猿人远祖是一种住在树上的灵长类动物，叫做拉玛猿（因印度拉玛神而得名），生存于1400万年到九百万年以前。在这以后的500万年没有资料可考，情况不明。不过，在这段时期里，非洲的森林逐渐缩减，拉玛猿的后代有些离开森林，住在草原和空旷地方。由于他们在平地上需要看得见较远地方，所以可能不再用四条腿而改用两条腿站立，这就腾出了两只手来做别的事。他们个子小，没有利爪锐齿，碰到食肉猛兽来袭，没有树木可供逃避，于是学会用棍棒石头自卫和捕杀小猎物。他们的脑部渐大，智力也渐增。

据这个理论说，大约五六百万年前，猿人分成了几支，其中一支进化为人属动物（真人），其余的进化为南方古猿（近似人）。真人和近似人同时在同一地区生存，至少有100万年之久。不过，由于现在还不知道原因，南方古猿终于无法生存下来。最后一种南方古猿，大约在100万年前慢慢绝了种。

这期间，那支人属动物进化得很快。200万年前"一四七〇"型猿人的头形仍然非常原始，但脑壳的容积已达800立方厘米，体型已差不多是近代人的体型了。

高额骨、大脑袋（约一千立方厘米）、比别的猿人高半英尺的直立猿人后裔，在150多万年前出现，到达爪哇时，至少也在100万年之前，过了二三十万年才到达华北，大约在公元前30万年到达欧洲和英格兰。在北京猿人遗骸附近曾发现熏黑的炉灶和烧焦的骨骼，证明他们在那里生活的那段漫长岁月中已学会用火。

尼安德特尔人就是在25万到10万年前从这个人种进化而来的。他们的脑壳已经跟我们的一般大，有的还要大些。他们制造了各种各样精巧的石器用具，有些还有又直又锋利的刀。他们恭敬地埋葬死者，表示已经有了来世的信念。由于永生不朽这类抽象观念是难以用咕噜声和手势传达的，所以可以推想他们大概能够说话。

这场人类进化剧中最后的一个角色，是我们本身所属的一种，叫做"现代智慧人"。我们最早的祖先，似乎在公元前4万年突然出现在地球上。许多人类学家认为，现代智慧人是从尼安德特尔人进化而来的。他们拿在以色列卡梅山上发现的7万到5万年以前的头盖骨作证据。就那些头盖骨的形状看来，那种人好像是介乎尼安德特尔人和现代人之间的混合种。另一些专家认为，真人是单独的另外一种，有自己的进化路线，是从直立猿人直接进化而来的。

今天我们所有关于人类进化的知识和学说就是这么多。人类在400万年前由人猿进化而来，同时还有几种类似的动物互相竞争生存，但人类战胜它们和其他生物而征服世界，因为人类的脑较大，手较灵敏，用两条腿走路。不过，这些假说可能明天就须修正，或全部被推翻，因为我们说不定在一层沉积物中、在非洲或亚洲什么地方的黑黢黢洞窟中，甚至在从来没想到过会藏有人类根源秘密的地方，又会掘出别的骸骨化石。

植物的寄生之谜

在植物这个庞大的"家族"中，大多数成员都"安分守己"，自己养活自己，但也有一些不"安分守己"的坏分子，像寄生虫一样，靠别人养活它们，这就是我们要说的寄生植物。寄生植物种类很多，如列当、野菰、大王花、桑寄生等。它们各自寄生的方式不一样，一般有全寄生和半寄生两种。

人们最熟悉的菟丝子，它的全身金黄色，呈丝状。说它是植物，没有一片绿叶，也看不到它的根，说它不是植物，它却会开花结籽和传播后代。春天，菟丝子种子发芽，也有根，主要靠种子里的营养，茎中有少量叶绿素，能制造很少很少的养分。但它一旦找到寄主，根很快便会死亡，从此过上全寄生的生活。菟丝子是农作物的大敌，轻者严重减产，重者颗粒无收。为此，农民称之"从小像根针，长大缠豆身，吸了别人血，养活自己命"。菟丝子看不见根，也没有嘴巴，它又是如何生活呢？奇妙的是，它茎细长，最长可达1米以上，并有分枝。茎上长了很多吸盘，像嘴巴一样直接伸进大豆等植物的茎皮中，它每10厘米就有一个吸盘，都可单独成活，为此它繁殖蔓延速度很快。

槲寄生与菟丝子又不一样，菟丝子属草本植物，而槲寄生属木本

△ 菟丝子

植物。它高30～60厘米，枝丛生，有分枝，能开花结果，长着四季常青的叶子。它主要半寄生在槲树、朴树、榆树、杨树等高大的树体上。种子传播方式很绝妙，主要靠爱吃它果实的鸟来进行广泛播种。大鸟把果实吞进去，因种子无法消化，又从粪便随意排在树上，小鸟因果汁黏嘴，靠鸟嘴在树皮上磨蹭，把种子粘在树上滋生萌发。

槲寄生有根，并把根伸进寄主树木的皮层，吸收养料。到了冬天，寄主槲树落叶，而槲寄生青枝绿叶，它除吸收别人的养料外，自己也能进行一些光合作用，为此植物学上称它为"半寄生植物"。正是槲寄生冬季常绿不凋，旧社会迷信的人称此为"神树"，给它烧香叩头，采神树枝治病。因为槲寄生是一种很好的药材，所以竟有把病治好的，结果越传越神乎。

植物界中寄生植物的繁衍奇观，要逐个揭开它们的谜底不是一件简单的事。

植物定时开花之谜

我们知道各种花卉一年当中只在一定的季节开放，例如，冬末春初有梅花，春季有连翘，夏季有荷花，秋季有菊花，冬季有一品红等。如果我们再细心地观察会发现，许多花卉在一天之内开放的时间也是一定的。例如，牵牛花在清晨5点左右开放，午前闭合，所以又叫"朝颜"；芍药、睡莲在早晨8点左右开放，傍晚闭合；半枝莲在正午12点强烈地光照下开放，夜间或阴雨天闭合，故又称"太阳花"；紫茉莉花傍晚17点左右开放，清晨闭合，又称"夜娇娇"；而月见草、待霄草等完全在夜间开放，白天闭合。

早在18世纪，瑞典著名的植物学家林奈就发现了这些花卉开放的规律性，并按照它们一天开闭时间的不同将它们种植在一个大花坛上，造成一座有趣的"花钟"。为什么这些花卉一天之内要在一定的时间里开放呢？这是由于它们花朵开闭与光照强度有关，有些需要强光照，有些需要弱光照，有些则不需光照或极微弱的光线即可，而且所需的光照不必一定是阳光，在相同强度的灯光下也能正常开花。但是，是什么因素决定了牵牛、芍药、睡莲、紫茉莉开花需弱光照，半枝莲开花就需强光照，而月见草、待霄草则在黑暗或月光下就能开放呢？这些问题至今还是个谜。

△ 盛开的花朵

植物"睡眠"之谜

人和动物要睡觉，植物也要睡觉。高大的合欢树上有许多羽状的叶子，它们一见到金灿灿的阳光，就舒展开来了；待到夜幕降临时，又成对地折合，闷头睡起了大觉。有时候，人们在野外可以看到一种开紫色小花的红三叶草，白天有阳光时，它每个叶柄上的三片小叶儿都舒展在空中，一到傍晚，那三片小叶就闭合起来，垂下头准备美美地睡一觉。许多植物如酢浆草、花生、烟草和豆类植物的叶子，都会昼开夜合，这就是植物的睡眠运动。

不仅植物的叶子要睡觉，娇美的花儿也要睡觉。我国宋代诗人苏轼观察了各种名花后，写下了优美的诗句："只恐夜深花睡去，高烧银烛照红装。"你知道"睡莲"这个名字的来历吗？原来，每当旭日东升的时候，睡莲那美丽的花瓣会慢慢舒展开来，用笑脸迎接新的一天；而当夕阳西下时，它便收拢花瓣，进入甜蜜的梦乡，因而人们称它为"睡莲"。

△ 植物也需要睡觉

花儿的睡觉时间有早有晚，长短不一。晴天，蒲公英上午7点钟开花，下午5点钟才闭合。山地生长的柳叶蒲公英是蒲公英的小兄弟，不过它比较贪睡；上午8点钟开花，下午3点钟就闭合睡觉了。半支莲更是个贪睡的家伙，上午10点钟刚刚醒来，绽开五颜六色的花，一过中午就闭合起来睡大觉了。

落花生的花可有点与众不同，它的睡眠时间有长有短，是随着昼夜长短不同而变化的。7月，它早晨6点钟就醒来开花了，要到下午6点钟才闭合睡觉；到了9月，上午10点钟它才开花，一到下午4点钟就闭合睡觉了。

早春时节开花的番红花，就更有趣了。一天之中，它时而张开，时而闭合，时而又张开，真是醒了睡，睡了醒，醒醒睡睡，要反复好多次。也有的花是在白天睡觉，夜晚开放的。例如，紫茉莉下午5点钟左右开花，到第二天拂晓时闭合睡觉。月光花在夜晚8点钟左右开花，到次日清晨才闭合睡觉，不愧为月光下"含笑"开放的花。

为什么植物要睡觉呢？这是由周围环境引起的植物保护自己的一种运动。三叶草等植物的叶子在夜间闭合，就可以减少热的散失和水分的蒸发，因而具有保温和保湿的作用。夜间的气温，比白天低得多，睡莲的花在晚上闭合，可以防止娇嫩的花蕊不被冻坏。有些花昼闭夜开，那是因为夜行性的小蛾子能在夜间帮助它们传送花粉。

至于番红花时开时闭，那是由于它对气温的变化十分敏感的缘故。气温上升时，花瓣内层的生长比外层快，花便绽开了；一旦气温下降，外层的生长就会比内层快，于是花便闭合起来。

植物有预测能力吗

人有第六感觉可以预知未来，那么作为无法用语言来表达的植物来说，它们究竟具不具备预知"天灾人祸"的能力呢？植物预知"人祸"可能在文学作品中才能看到，现实中却没见过；但植物预知"天灾"的本领在报纸上却常见。

一、植物预报天气：

我们人类一般是通过卫星的帮助来预测天气的变化的。干旱、大雨、阴天、晴天等都能做出预报。广西忻城县马泗，有一棵150岁的青岗树。人们可以根据它叶子颜色的变化获知天气情况。在晴天，树叶呈深绿色；天将要下雨时，树叶变成红色；雨后转晴，树叶又变成深绿色。

还一种叫做踌躇花的植物，如果盛开，则第二天准是大晴天；如果花显得"没精打采"，那么第二天很可能是坏天气。

还有人观察到，如果玉米根长得结实，南瓜藤长得特别多，槿树叶特别茂盛，那么这一年很可能有台风将要来袭。

关于植物能预测天气、环境异常变化的例子很多。有的是在一定的条件下发生的，离开这一条件，可能就发生不了。有的虽然出现了异常变化，但导致变化的原因或许是多种多样的。正因为存在着复杂性，给科学研究带来了一定的困难。我们期待着有一天能把植物预知大灾难的超能力之谜揭开。

二、植物预报地震：

植物还有一个特殊的本领，那就是预测地震。据统计研究发现，在地震前夕，很多植物都会表现出异常的花开花谢或者枯死现象等。

宁夏西吉在1970年发生过一次地震。震前一个月，在离震中66千米的隆德，蒲公英在初冬季节开了花。

长江口外东海海面，1972年发生过一次地震，震前上海郊区田野里的芋藤突然开花，十分罕见。

辽宁省的海域在1976年2月初发生过一次强烈地震。地震前的两个月，那里有许多杏树提前开了花。

柳树能预报地震。1976年，唐山发生了7.8级大地震。在地震来临之前，蓟县穿芳峪一个地方的柳树，在枝条前部20厘米处，出现枝枯叶黄的现象。人们发现，如果树木出现重花（两次开花）、重果（结两次果）或者突然枯萎死亡等异常情况，那么这些现象很可能就是地震将要发生的前兆。

四川的松潘、平武地区1976年发生过一次强烈地震，地震前夕，"熊猫之乡"的平武地区出现了植物的异常现象：熊猫赖以生存的箭竹突然大面积开花，许多箭竹开花后死去；一些玉兰开花后又奇怪地再度开放，桐树大片枯萎而死。

植物为什么会有如此强烈的反应，它们预报地震的奥秘何在呢？这种超强的预感能力连人类也自叹不如。

目前关于植物预测天气和地震的超级能力，已经广泛地引起了全球科研人员的关注。有人通过自己或者别人的观察、研究，试图作出一些解释，但是这些解释是不是很完整、很确切呢？

有些学者则认为，植物有如此超强的预测能力是因为在植物体内有神经传感器。植物的敏感度有时强于动物，它们不仅有神经，而且植物的神经与动物的神经没有本质上的差别。

一部分人认为植物是没有神经的，它们根本就没有神经细胞，更谈不上神经纤维和神经中枢，不能用动物的生存模式来解释植物。

还有人认为，植物之所以具有感应月球和地磁的超能力，是因为植物拥有交流信息的"天线"装置。植物的刺或毛是一种导波管，类似"天线"的作用。

对于植物的预测能力，科学家们的解释不一而足，但是他们的观点、假设为人类探索自然之谜拓展了思路。从中我们可以看到地球植物所蕴藏着的奥秘和潜力是不容忽视的。那么等待着我们的将是更加艰难的探索，以便解开植物预测的奥秘。

纵火花和灭火树之谜

在人类生存的地球上，花草树木种类繁多，千姿百态。说起自然界的奇花异树，可使人耳目一新。

在东南亚的森林区，多年来一直发生神秘的纵火案，大火将一片片的森林烧掉。公安人员虽千方百计侦察，但始终未能破案。

后来经过科学家们的努力，才揭开了这个谜。原来在这个地区的森林里生长着一种名叫"看林人"的花，它属于杜鹃花科植物，花为金黄色，在其茎叶和花朵里，饱含一种挥发性极强的芳香油脂。当森林里的空气变得干燥而灼热时，芳香油脂就大量挥发出来，一旦气温高达燃点时就会产生自燃现象，从而造成森林火灾。至此，"纵火案"才真相大白。

在奇妙的植物界，不仅有"纵火"花，而且还有"自焚"树。在非洲有一种奇树，它的树木上分泌出一种低燃点的树脂，在炎热的阳光照射下，气温很高，一旦达到树脂的燃点，周身就会突然燃起熊熊烈火，将自己化为灰烬。因此，当地居民叫它自焚树。有趣的是，这种树只有长到15岁树龄时才开始分泌树脂，而在此之前是不分泌树脂的。

在我国北方的一些地方，也有一种名字叫白藓的奇异植物。它的叶片里含有一种易燃的化学物质，在夏季遇到干热的天气，有时会发生自燃现象，将自己焚烧掉。

千奇百怪的植物，真是奥妙无穷。在奇妙的植物王国里，不仅有会"纵火"的奇花，还有灭火树、雨树、喷水树、贮水树等异树。

植物学家们发现，在非洲的安哥拉生长着一种名字叫梓柯树的奇树，它是一种多年生常绿树木，一般树高23～27米。这种树的枝杈间长着一个个馒头大小的节苞，节苞里装满了透明的液体，其上面密布有许多网眼状小孔。

△ 雨树

有趣的是，节苞对光非常敏感，一旦有人在树林中点火抽烟，或者点燃一堆篝火时，它里面贮存的液体就会从网眼细孔中向外喷射，因为这种液体中含有具有灭火作用的四氯化碳，所以犹如灭火器里喷射出来的灭火剂，很快把火灭掉。因此，人们又叫梓柯树为"灭火树"。

由于灭火树的节苞怕光，故树顶上的枝叶长得特别浓密，以遮蔽阳光，来保护节苞。梓柯树的木材是优质的建筑材料，当地的居民喜欢用它来建筑房屋。据说，还能防火。

在斯里兰卡生长着一种会下雨的树。这种树的叶片很大，足有一尺多长，中间凹陷，四周微微隆起。每当太阳下山后，空气逐渐变得凉爽起来，这些宽大的树叶便开始吸收空气中的水蒸气，把它凝集成水，贮存在凹陷的地方。到了中午烈日当空、酷热难熬时，叶片受热，叶脉舒展开来，它们所贮存的清水就会一泻而下，犹如倾盆大雨，因此人们称它为"雨树"。

在澳大利亚西部的田野上，生长着一种会喷水的奇树。这种树有粗壮而繁密的根系，能源源不断地吸收地下水，贮存在树干中，因此树干里积存大量水分。当人们需要用水时，便在树干上挖一个洞，水就会像泉水一样喷出来，可以饮用，也可以用来洗东西。

在毛里求斯岛上，有一种奇特的树叫畦瓜树。树高约3～5米，树叶呈长条状。它的树干是中空的，里面装满了水。当旅行者缺水时，砍下一节树干，便可喝到清冽的水，故人们叫它"旅行者树"。

金身不败的"神木"之谜

"神木"生长在俄罗斯西部沃罗涅日市郊外。说起神木的神奇之处，还得从300多年前发生的一场著名的海战说起。

公元1696年，在当时俄国和土耳其交界的亚速海面上，爆发了一场激烈的海战。海面上炮声隆隆，杀声震天。俄国彼得大帝亲自率领的一支舰队，向实力雄厚的土耳其海军舰队发起了进攻。只见硝烟滚滚，火光冲天。当时的战舰都是木制的，交战中使不少木船中弹起火，带着浓烟和烈火，纷纷沉下海去。由于俄国士兵骁勇善战，土耳其海军慢慢支持不住了。狡猾的土耳其海军在逃跑之前，集中了所有的大炮，向着彼得大帝的指挥舰猛轰。顿时，炮弹像雨点一样落到甲板上，有好几发炮弹直接打中了悬挂信号旗、支撑观测台的船桅。土耳其人窃喜，他们满以为这一下定能把指挥舰击沉，俄国人一定会惊惶失措，不战自溃的。不料这些炮弹刚碰到船体就反弹开去，"扑通""扑通"地掉到海里，桅杆连中数弹，竟一点儿也没有受损。土耳其士兵吓得呆若木鸡，还没有等他们明白过来，俄国船舰便排山倒海般冲过来，土耳其海军一个个当了俘虏……这场历史上有名的海战使俄国海军的威名传遍了整个欧洲。

彼得大帝的坐船为什么不怕土耳其的炮弹？它是用什么材料做的？原来，这艘战舰就是用沃罗涅日的神木做成的。神木为什么这么坚固？当时人们并不知道其中奥秘，只知道这是一种带刺的橡树，木材的剖面呈紫黑色，看上去平平常常的，一点儿也没有什么出奇之处。这些不起眼的橡树木质坚硬似钢铁，不怕海水泡，也不怕烈火烧。木匠们知道，要加工这种刺橡树木材，得花九牛二虎之力。当年，为了建造彼得大帝的指挥战舰，木匠们不知道使坏了多少把锯子、凿子和刨子。

　　亚速海战以后，俄国海军打开了通向黑海的大门。彼得大帝把这种神奇的刺橡树封为俄罗斯国宝，还专门派兵日夜守卫着刺橡树森林。沃罗涅日这座远离海洋的内陆城市，也因为生产神木，而以俄国"海军的摇篮"的名分载入了史册。

　　300多年过去了，关于神木的故事一直在民间流传，可谁也解不开其中的谜。

　　到了20世纪70年代，神木的传说引起了苏联著名林学家谢尔盖·尼古拉维奇·戈尔申博士的重视，他决心用现代科学技术来解开神木之谜。

　　博士要做的第一件事就是测试一下神木的牢度，神木究竟是不是像传说中所描写的那样坚硬呢？为此，他在野地里用刺橡木板圈起很大一个靶场，靶场中央竖起2000多个刺橡木做成的靶子。谢尔盖对着神木靶子发射了几万发子弹，结果只有少数子弹穿透了靶子，绝大多数子弹都被坚硬的神木靶子弹了回来。

　　这个现象使博士非常惊奇，神木果真名不虚传。他取下几根靶上的木纤维，拿到显微镜下观察，结果发现，在木纤维的外面全裹着一层表皮细胞分泌的半透明胶质，这种胶质遇到空气就会变硬，好像一层硬甲。用仪器分析胶质成分，结果表明，胶质中含有铜、铬、钴离子以及一些氯化物等，正是由于这些物质的存在，才使得这种刺橡木坚硬如铁，不怕子弹，不怕霉蛀。

　　为了测试刺橡木的耐火和耐水性能，博士用刺橡木做成了一个大水池，水池的接合部分用特种胶水胶合。池子内灌满海水，并把各种形状的刺橡木小木块丢进去，将池子封闭好。过了3年，谢尔盖打开了密封的水池，取出小木块时，他惊奇地发现，池子里的木块好端端的，一块也没腐烂变形。博士又检查了池壁和池底，那儿的木质也是好端端的，没有损坏。这证实了神木的确不怕海水腐蚀。

　　另一个项目是测试防火能力。博士把一个刺橡木房屋模型投入炉膛，这时炉里的温度是300℃。一个小时以后，他打开炉，模型竟原封不动地出现在他面前。原来，刺橡木分泌的胶质在高温下能生成一层防火层，并分解成一种不会燃烧的气体，它能抑制氧气的助燃作用，使火焰慢慢熄灭。

槐树喷火之谜

　　1988年4月16日12点40分，上海武康路上，出现了一件非常罕见的事，一棵大槐树突然从粗大的树干上，冒出耀眼的火星，从树洞里窜出熊熊火焰。

　　当这棵树叶翠绿的大槐树燃烧时，有人连忙给消防队报警。几分钟后，消防车赶到，他们用灭火器扑灭了乱窜的腾腾火舌。人们以为这下子没事了，谁知过了一会儿，火舌又从树洞里冒出来，消防队员又用高压水枪猛射一阵，才算扑灭了火舌。

　　很多人都目睹了这奇怪的喷火现象，议论纷纷，谁也说不清原因。据消防队的人猜测分析，可能是地下煤气管道漏气，蓄积在树洞之中，散不出来，有人扔了烟头，点燃了煤气。可是，很快就有人否定了这一推测，因为当天煤气公司的人前往现场作探漏检查，并没有发现管道

△ 槐树

有漏气现象。好端端的槐树为什么会自行燃烧，这真是个难解的自然之谜。

黏菌"植物"之谜

　　1992年8月，陕西省周至县尚村乡张寨村农民杜战盟，到邻县永安村边的渭河中打捞浮柴。忽然，他感到左脚踩着了一块软乎乎的东西。他把它托到河边一看，原来是一堆"烂肉"似的东西。在伙伴们的帮助下，他把这团"烂肉"拉回家，一称23.5公斤。他切下一小块煮食，味道独特，十分好吃。但没有想到，3天后，"肉团"已长成35公斤。杜战盟一家惊讶不已。他随即赶到县城，向有关部门报告了这一怪事。西北大学生物系教师杨兴中闻讯后，匆匆赶到杜战盟家中。他看着那个奇怪的东西放在一个盛满水的大铁锅中。经测量，长75厘米，宽50厘米，周长110厘米，通体为褐黄色，局部呈珊瑚孔状，内部呈白色，有明显分层，手感柔软。这位从事生物教学和研究的教师一下子愣住了，他也弄不明白眼前的"怪物"是什么。

　　后由市科委组织西北大学、西安医科大学、西安动物研究所等多家科研单位进行鉴定。经生化、生理、动物、植物、细胞、微生物、真菌等方面的13位专家从呼吸、蛋白质含量、活体培养、动物、植物器官和真菌分离等方面对其进行了测定，结果却令专家们惊喜万分。这团"烂肉"既有原生动物特点，又有真菌特点，是世界罕见的大型黏菌复合体，也是我国首次发现的珍

△　大型粘菌复合体

稀生物，有较高的科学研究价值。

目前，黏菌的研究在国际上还是个空白，属于世界生物或植物学领域的一大攻关课题。但是，黏菌旷世罕有，全世界仅有我国唐代珍贵文献和1973年美国阿拉斯加有过两次类似的记载和发现。唐代的记述简单，不足为科学鉴定的依据。美国的发现，由于对黏菌保管不善，3个星期后黏菌便死去，美国研究人员后悔不迭。

1992年10月26日，日本明仁天皇访问西安市，参观了这个大型黏菌复合体，在海洋生物研究方面有着很深造诣的明仁天皇，用手触摸着这个"怪物"说："谢谢你们让我参观这样稀有的东西。"

据西北大学的专家们说，该生物前不久还活着，并且已经长到39公斤。研究人员把它放进一个放有自来水的大玻璃缸中，它仍然以3％的增长速度生长着。

据有关文献记载，黏菌属黏菌门，它是介于动物和植物之间的一类生物体。生活史中，有一段具动物性，有一段具植物性。即其营养体为变形虫形无细胞壁的多核原生质团，无叶绿素，行动与摄食方法与原生动物相同。但生殖时间产生孢子，而孢子具有纤维素壁，这又是植物性的。究竟黏菌是植物还是动物，因为它罕见稀有，人们对它研究甚少现在还无法确定，但有一点可以肯定，由于它至少具有上述两种物体的特征，为此有很高的科学研究价值。

植物的情绪之谜

　　1966年2月的一天上午，有位名叫巴克斯特的情报专家，正在给庭院的花草浇水，这时他脑子里突然出现了一个古怪的念头，想测试一下水从根部到叶子上升的速度究竟有多快。于是他把测谎仪器的电极绑到一株天南星植物的叶片上，结果当水从根部徐徐上升时，他惊奇地发现，测谎仪上显示出的曲线图形，居然与人在激动时测到的曲线图形很相似。职业的敏感使他立刻觉得：难道植物也有情绪？如果真的有，那么它又是怎样表达自己的情绪呢？巴克斯特暗暗下决心，想通过认真的研究来寻求答案。

　　尽管这似乎有些异想天开，但巴克斯特还是开始了他的研究工作。巴克斯特做的第一步，就是改装了一台记录测量仪，并把它与植物相互连接起来。接着，他想用火去烧叶子，看看植物有什么反应。他刚刚划着火柴还没有接触到植物，记录仪的指针已剧烈地摆动，记录纸上出现了起伏很大的曲线图形，曲线甚至超出了记录纸的边缘。显然植物已产生了强烈的反应。后来，他又重复多次类似的实验，仅仅用火"吓"植物，但并不真正烧

△ 植物也有情绪吗?

到叶子。结果很有趣，植物似乎很聪明，它好像渐渐意识到这仅仅是威胁，自己并不会真正受到伤害。于是时间长了，同样的方法再也不能使植物感到恐惧了，记录仪上反映出的曲线变得越来越平稳。

后来，巴克斯特又设计了另一个实验。他把几百只海虾丢入沸腾的开水中，这时旁边的植物马上会受到强烈刺激，反应很大，植物的活动曲线不断上升，每次实验都有同样的反应。他认为，海虾死亡引起了植物的剧烈反应，植物之间肯定能够交往，植物与其他生物之间也能交往。植物会思考，会体察人的各种感情。

事情变得越来越不可思议，巴克斯特也越来越感到兴奋。有了成果，却开始怀疑实验是否正确严谨。

为了排除任何可能的人为干扰，保证实验绝对真实，他设计了一种新仪器，可以不按事先规定的时间，自动把海虾投入沸水中，并用精确到1/10秒的记录仪记下结果。巴克斯特在三间房子里做了实验，每间房里都有一株植物，它们与仪器的电极相连，记录仪记下了明显的曲线图形，尤其是海虾被投入沸水后的6～7秒后，植物的反应最强烈，曲线急剧上升。根据这些，巴克斯特指出，海虾死亡引起了植物的剧烈反应。这并不是偶然现象，似乎可以肯定，植物之间能够交往，而且植物和其他生物之间也能交往。

巴克斯特的发现引起了植物学界的巨大反响。但有很多人认为这是天方夜谭，植物不能动也不能说话，怎么进行交流呢？这种研究简直有点儿荒诞可笑。其中反对最激烈的是麦克博士，为了寻找反驳的可靠证据，他也做了很多实验。有趣的是，当他做完实验后，态度一下子来了个180°的大转变，变成了巴克斯特的有力支持者。他在实验中发现，当植物被撕下一片叶子或受伤时，会产生明显的反应。于是，麦克大胆地提出，植物具备了心理活动，也有"七情六欲"，会思考，也会体察人的各种感情。他甚至认为，可以按照性格和敏感性对不同的植物进行分类，就像心理学家对人进行的分类一样。

植物预测地震之谜

植物在地震前是否也会有异常反应？植物能帮助人们预测地震吗？

20世纪70年代，中国的一些学者首先调查记录了在地震前植物的异常反应。1970年，宁夏西吉发生了5.1级地震。地震前一个月，在离震中66千米的隆德县，蒲公英在冬季就提前开了花。1972年，长江口地区在发生4.2级地震前，上海郊区不少芋藤也罕见地开了花。1976年，四川松潘地区发生7.2级地震前，平武县境内出现大面积箭竹开花死亡的现象。特别是1976年唐山大地震前，不仅唐山市，就连天津郊区也出现了大量竹子开花、柳树梢枯死等异常现象。但这些只是表象，植物是否能帮助预测地震，还缺乏足够的证据。

到了20世纪80年代，日本东京大学女学者鸟山从植物细胞学的角度，对植物是否能够预测地震进行了长期、深入地研究。鸟山教授用高灵敏度的记录仪对合欢树进行生物电位测定，并认真分析了几年里记录下的电位变化。结果她发现，合欢树能感觉到打雷、火山活动、地震等前兆的刺激，出现明显的电位变化和过强的电流。例如1978年6月10日和12日，她测到合欢树的生物电流突然增大，12日上午电流强度更大。下午5时多，官城县海域便发生了7.4级地震。地震过后，电流随之恢复了正常。鸟山认为，合欢树能在地震前两天作出反应，出现了强大的电流，也许由于它的根系能敏感地捕捉到震前伴随而来的地球物理、化学变化，包括地温、地下水位、大地电位、电流及磁场的变化，从而导致自身各方面发生相应的变化。

利用植物预测地震毕竟是个新课题，研究工作也刚刚开始，但从初步得到的一些资料看，植物的异常反应对人们进行地震前的预报有重要意义，与其他预测手段结合起来，人们也能让植物为预报地震作出贡献。

梅花之美在何处

在众多花木中，梅是开花最早的之一。西南、华南的梅花最早可在12月绽放，花开最晚的北京地区也不迟于4月上旬。《群芳谱》说："先众木花，花似杏甚香，老干如杏，嫩条绿色，叶似杏有长尖，树最耐久。"用文学语言表达，梅花冰中育蕾，雪里吐艳，玉白朱红，暗香扑鼻，一树独放天下春。

梅原产于我国长江以南，栽培历史已长达4000多年。据学者考证，梅最早见于孔子修订的《书经》，书中，殷高宗对宰相傅说讲："著作和羹，尔唯盐梅。"由于商代的盐和梅，就像今日的盐和醋，属于重要的调味品，这句话的意思是，阁下的重要性好比做羹汤用的盐和梅一样。到春秋战国时代，梅"始以花贵"。宋代以后，养梅之风盛行于民间。在现代，梅分为花梅、果梅两大类，栽培中心在成都、杭州和武汉等地，品种近300个。杭州孤山、超山，苏州邓尉山，无锡梅园，南京梅花山，广东梅岭等地为著名观梅胜地。梅的用途扩大到方方面面。梅果、梅实是重要的蜜饯和甜品。梅花、梅叶、梅实、梅仁、梅汁入药，生津助气，解酒去毒，主治小儿头疮、妇女血崩、白喉、痢疾、肺炎等症。梅枝、梅梗、梅根和梅核，用于制作精美木雕工艺。而且，梅蕾、花、叶、枝、梗、根、子、核、仁等的开发多已形成产业，渗透到人们的日常生活。

梅花美在天然。南宋诗人范成大说："梅，天下尤物，无问智、愚、贤、不肖，莫敢有异议。"梅花具有独特的韵致和格调，花先发，叶后生，花有红、粉、白、紫、黄、绿等色，以白色为基调；花形有单瓣、复瓣、重瓣形态，以五枚花瓣最常见；色彩不艳丽，花形非丰硕，但是其色彩素雅、姿态遒劲、花香沁人，为其他花卉所不可企及。尤其是盘曲的虬枝老干和馥郁的浓香，令人拍案叫绝。宋代林逋的"疏影横斜水清浅，暗香浮动月黄昏"，描绘了一个如诗如画的梅花世界：月光照耀着寒梅浅溪，清澈的溪水倒映出疏淡的梅影，似有若无的梅花幽香漂浮在昏黄的月夜，疏朗的梅姿、清清的溪水、朦胧的月色、淡淡的清香，静谧而和谐，冷月寒水衬托的梅花风姿绰约，神韵悠然。梅花之美，也很早被作为妇女的装饰品。相传，南朝宋武帝刘裕之风流女寿阳公主春日卧于含章殿檐下，故意让梅花落在额头上，成五出花，拂之不出，宫女纷纷效仿，后世妇女称"梅花妆"。

梅花是我国文化积淀最深的一种花卉。因为美好的象征意义，具有很高的审美价值。

梅花在万木萧索、寒凝大地的冬末或早春绽放，给人们传递着春天的气息，带来精神的愉悦，所以，自古以来被人们置于总领百花的地位，赋予坚贞不屈、情操于雪、淡泊自守、孤芳自赏等多种象征意义。大众化的有"四德"、"五福"之说。"四德"指初生蕊为元，开花为亨，结子为利，成熟为贞。"五福"指梅花的五片花瓣象征着快乐、幸福、长寿、顺利、平安。还有一种说法是，梅花五瓣代表了我国最大的汉、满、蒙、回、藏五个民族，是中华民族大团结的美好象征。梅花还是道教以及特立独行隐士的象征。民国时期，梅花被定为中国国花。

应该说，梅花如雷贯耳的名声是我国历代知识分子共同创造的。寒梅开放于冰天雪地，一方面代表着凛然正气，另一方面显得冷落凄凉，这种既清高又凄冷的形象，就是处境穷困的文人的生活写照。寒士爱梅、怜梅，正是自爱、自怜。于是，文人们发挥了自己的想象编撰了许多传说，将梅花与倩女风情、美人韵事联系在一起，表达风流情怀和人生感喟。柳宗元的《龙城录》记录了赵师雄月下遇梅仙的故事：赵师雄在隋朝开皇年间被贬官至罗浮，一天，天寒日暮，残雪未消，月色微明，他来到了松林间酒肆旁边的房舍，就见一美人淡妆素服迎将出来。赵与之交谈，觉其言辞清丽，芳香袭人，便邀至店里共饮。不知不觉之间，赵师雄喝醉了，便靠在桌子上睡着了。当他被阵阵寒风惊醒之时，东方已白，美人不知去向，自己竟靠在一棵大梅树上，一只翠鸟正在树上啼鸣。故事的底蕴是奇幽中的清冷，冷艳中的悲凉。在宋代，林逋一生拒绝为官，终身不娶，隐居于杭州西湖的孤山，日以种梅养鹤为乐事，有"梅妻鹤子"之称。陆游也是一位爱梅的名士，他关于咏梅的诗词就达160多首，其中以《卜算子·咏梅》最著名："驿外断桥边，寂寞开无主。已是黄昏独自愁，更着风和雨。无意苦争春，一任群芳妒。零落成泥碾作尘，只有香如故。"诗人以物喻人，托物咏志，赞美了梅高洁、坚毅和不同流俗的品格。元代的王冕爱梅成癖，留下了"不要人夸好颜色，只留清气满乾坤"的佳句，并以墨梅画名扬天下。

寒士，概指古代的知识分子群体，那些文坛、政界等方面的领袖人物在人生拼搏中脱离了寒士群体，但心中已割舍不下对寒梅的喜爱，时过境迁，往往赋予梅花积极的象征意义，丰富了梅花文化内涵。据考证，唐宋元明清朝的几乎所有著名的文人都留下了咏梅诗，不少还留下梅花画。唐朝名臣宋璟在东川官舍中见梅花怒放于榛莽中，写下著名的《梅花赋》，文中赞道："相彼百花，谁敢争先？莺语方涩，蜂房未喧。独步早春，自全其天。"南明最后一位兵部尚书大学士史可法英勇就义时说："我死，当葬梅花岭上。"后人赞道："数点梅花亡国泪，二分明月故臣心。"毛泽东作为一名伟大革命家，一位浪漫主义诗人，对梅花也情有独钟。他的《卜算子·咏梅》被公认为其代表作。"风雨送春归，飞雪迎春到。已是悬崖百丈冰，犹有花枝俏。俏也不争春，只把春来报。待到山花烂漫时，她在丛中笑。"诗人以赞美梅花的傲寒之美、报春之美，讴歌了共产党人的人格美。

自古以来，梅花之美的鉴赏已成了一门学问。比如，赏梅的佳境，是踏雪寻梅。梅花与雪花相随相伴，如影随形，踏雪寻梅便变得奇趣横生起来。赏梅的标准，是"三美"、"四贵"。即以曲为美，直则无美；以奇为美，正则无景；以疏为美，密则无态。贵疏不贵繁，贵老不贵嫩，贵瘦不贵肥，贵合不贵开。梅花盆景，常把松的苍翠、竹的绿茂、梅的雅香组合成"岁寒三友"，以松示坚贞，竹示清高，梅示娇艳高雅，植于盆中，显示主人的身份、地位、爱好和抱负。根据孔子"益者三友，损者三友；友直，友谅，友多闻，益矣；友便辟，友善柔，友便妄，损矣"的说法，苏轼称梅寒而秀、竹瘦而寿、石丑而文，为"三益之友"。

可致命的断肠草之谜

　　断肠草是葫蔓藤科植物葫蔓藤，也称钩吻，一年生的藤本植物。其主要的毒性物质是葫蔓藤碱。它的花呈黄色，夏季开花。断肠草根、茎、叶、花都有大毒，误食可致命，但可用作杀虫剂。据说，蜜蜂采断肠草的花粉酿出的蜂蜜，人吃后都会中毒。《本草纲目》中有"黄精益寿，钩吻杀人"的警语。

　　中国千百年来就有"神农尝百草。一日遇七十二毒"的传说。最后，神农尝断肠草没药可解而中毒身亡。传说中的神农氏，自幼聪慧颖悟，智力过人，识天时，明地利。他看到人民过着茹毛饮血的苦难生活，教人民制作农具，耕种五谷，解决吃饭问题。他看到人民患各种疾病，无药可医，只有等待死亡，决心尝草找药，为民治病。他翻山越岭，不顾个人安危，尝遍百草。有一天，他尝草中毒72次，最后用茶解之，转危为安。辛勤的结果，寻找到了许多草药，为人民医治疾病。当他168岁时，在湖南茶陵县尝剧毒的断肠草，茶也解不了此毒，也无其他药可解，致使肠子断烂而死。炎黄子孙称神农帝为"农业之神，医药之祖"。过去的药铺都挂着浓眉大眼、龙颜大嘴，左手握神鞭，右手拿草药的神农帝像。神农尝白草的传说，反映了发掘一种药用植物是一个长期的实践过程是来之不易的，有时是要付出生命的代价。

　　据记载，断肠草吃下后，肠子会变黑粘连，人会腹痛不止而死。一般的解毒方法是洗胃，服炭灰，再用碱水和催吐剂，洗胃后用绿豆、金银花和甘草急煎后服用可解毒。

全株都有毒的毒芹之谜

毒芹又称野芹菜、走马芹，为伞形科。毒芹属多年生草本植物，多生于河沟、池塘边、低洼潮湿地、草甸等地方。植株高1米左右，根茎圆形、粗厚、多肉、绿色透明，上部有分支。叶互生、状复叶，夏季开白色花，散发一股特殊难闻的臭气，花序排列成伞形，果实为扁圆形。

毒芹的主要成分有毒芹碱、甲基毒芹碱和毒芹毒素。毒芹碱的作用类似箭毒，能麻痹运动神经，抑制延髓中枢。人中毒量为30～60毫克，致死量为120～150毫克；加热与干燥可降低毒芹毒性。

中毒多发生在早春与晚秋。毒芹在春季比其他植物萌发得早，在开始放牧时，由于牛羊贪青和饥不择食，有的仅采食毒芹的细苗，也采食生长在地表的毒芹根茎，因而引起中毒。夏季毒芹虽然生长茂盛，但因为有类似芹菜样的气味，牛羊不愿采食或采食量不多，故很少引起中毒。

毒芹素是一种类脂质样物质，经胃肠道迅速地被吸收，并扩散到整个机体，首先作用于延脑和脊髓，引起兴奋性增强和强直痉挛，同时刺激心血管动物中枢和迷走神经，导致呼吸、血压、心脏功能障碍。运动神经受到抑制，则骨位肌发生麻痹，终因呼吸麻痹而死亡。

动物误采食毒芹后，一般在2～3小时内出现临床症状。初呈兴奋不安，口、鼻流出白色或深褐色泡沫状液体。食欲废绝，反刍停止。胃鼓气、腹泻、腹痛，频频排尿，由头顶部到全身肌肉出现阵发性或强直性痉挛，在痉挛发作时突然倒地、头颈后仰、四肢强直、牙关紧闭、心跳加快、体温升高、脉搏加快、瞳孔散大。病至后期卧地不起、体温下降、知觉消失、脉搏细弱，四肢末端冷厥，终因呼吸中枢麻痹而死亡。

含有毒性的夹竹桃之谜

　　印度及伊朗是夹竹桃的故乡，15世纪，夹竹桃作为一种高雅的观赏植物传入我国。因为叶片像竹，花朵如桃，所以叫做夹竹桃。

　　夹竹桃的叶面有蜡质，因而有很强的耐旱能力，同时又能在毒气和尘埃弥漫的恶劣环境中正常生长。试验证明，在二氧化硫强污染的环境中，一般植物均会花落叶枯，而夹竹桃却仍枝繁叶茂，生长如常。夹竹桃还有过滤空气的作用，对粉尘、烟尘都有较强的吸附力，每平方米叶面能吸附灰尘5克，因而被誉为"绿色吸尘器"，适宜在工矿区、公园、校园、庭院里栽种。

　　夹竹桃含有剧毒的夹竹桃生物苷，可以用来制作高效除虫药。如果将夹竹桃的鲜叶切碎倒入污水中，蛆虫就会毙命。当然人若误食，也会引起中毒，因此平时最好不要去攀摘夹竹桃的花、叶、枝，以免中毒。

△　夹竹桃

　　1989年，美国环境委员会宣布：夹竹桃有致癌物质，禁止在城乡种植。

"见血封喉"的箭毒木之谜

箭毒木又称箭毒树,也叫"见血封喉"。它是一种高大常绿乔木,一般高25~30米。"箭毒木"的意思是,这种树的树汁可作箭毒,涂在箭头上可射死野兽。在箭毒木的树皮、枝条和叶子中有一种白色的乳汁,毒性很大。这种毒汁如果进入眼睛,眼睛顿时失明。

它的树枝燃烧时放出的烟气若熏入眼中,也会造成失明。为什么又叫它"见血封喉"呢?因为野兽如果被这种树汁制成的毒箭射中,3秒钟之内血液就会迅速凝固,心脏停止跳动而死亡。如果人的皮肤伤口上碰到这种有毒的树汁,也会死亡。人、兽误食了它,会引起心脏麻痹而停止跳动,或窒息而死,所以人们叫它见血封喉树。

箭毒木的毒性如此厉害,可算是自然界中剧毒的树木了,但它又是工业上的重要原料。在医药上可从其树皮、枝条、乳汁和种子中提取强心剂和催吐剂。它的茎皮纤维强韧,可以编织麻袋和制绳索。它的材质很轻,可作纤维原料或代软木用。

箭毒木在我国的海南、云南、广西和广东等省区有少量分布。已被列为国家三级重点保护植物。

△ 箭毒木

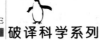

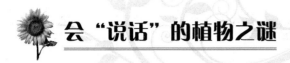

会"说话"的植物之谜

　　每当赫伯特·魏泽教授走进森林时，便觉得树木很有趣："橡树、山毛榉和云杉有幽默感。"这位德累斯顿的生物物理学家已经零碎地破译了一些树木的语言。根据他的测试，树木是通过声音来互相取得了解的，但因音频很高，所以人耳听不见树木发出的声音。

　　那么植物是如何互相对话的呢？它们是通过一种能量来进行互相交流，这种能量是微弱的光，可以测量出来，甚至可以通过"剩余能量放大器"使这种光变得看得见。但不管是通过高频声音还是通过光，大多数专家认为，植物完全能够相互进行交流是可以肯定的；否则就不会出现下述现象：一旦槐树的树叶被羚羊或长颈鹿吃光，槐树便会产生有毒的苦味物质。这时不仅仅是被涉及的槐树会产生这种物质，周围所有的槐树也都像接到命令一样，开始产生毒物。还有，如果在森林里有一棵橡树病死或者被砍伐。其周围的橡树就会进行动员，它们马上产生更多的种子和果实，好像别的树木要取而代之。它们是从哪儿知道需要这样做的呢？美国研究人员已经借助电极在被砍伐的树木周围测出相应的振幅。森林里寂静无声，这其实仅是假象。法国物理学家施特恩·海默说："在20年前也没有人相信鲸鱼会唱歌。现在鲸鱼的歌声已被破译。今后，我们也将使树木的联络声音变得听得见。"

　　但是，还是有一部分人不相信植物能够说话的现象，他们认为，植物虽然有生命却是独立的个体，个体与个体之间根本不可能互通有无。

　　看来，要让人们相信植物能够说话，还需要更多的证据来证明，植物会"说话"之谜才会彻底破解。

能使人产生幻觉的植物之谜

有一些致幻植物，吃下去以后，能使某些人产生特殊的幻觉和心理变异。

日本有一群尼姑和几个樵夫吃了一种蘑菇，开始是手舞足蹈，以后竟在野外疯狂地跳起舞来，并一连持续了几个小时。

15世纪初，非洲奴隶过着牛马不如的生活，每当痛苦不堪时，一些人就吃下一种叫做肉豆菠的果实。顷刻间，人们变得精神恍惚，眼前出现美丽的幻景，从而忘掉了自己的悲惨身世和不幸的遭遇。还有一种蘑菇，人食用中毒后会出现幻听，觉得空中有人喊他，人会不知不觉地奔跑，然后又突然发呆，形如木偶。还

△ 蘑菇

有一种致幻植物，中毒后会使患者看到面目狰狞的怪兽。医学研究认为，这些植物中可能含有一种生物碱，人食用后，就会产生幻觉。可是为什么会产生幻觉，又为什么各种植物会产生不同的幻觉？这仍是一个谜。

不怕烧的木头之谜

落叶松就是一种不怕火烧的树种。它为什么能够"劫后独生"呢？这是由于落叶松那挺拔的树干外面包裹着一层几乎不含树脂的粗皮。这层厚厚的树皮很难烧透，大火只能把它的表皮烤糊，而里面的组织却不会被破坏。即使树干被烧伤，它也能分泌一种棕色透明的树脂，将身上的伤口涂满涂严，随后就凝固了，使那些趁火打劫的真菌、病毒及害虫无隙可入。因此，落叶松就成了过火林中的令人瞩目的"英雄树"。

不久前，南非乔治森林研究站的工作者，发现芦荟不怕火烧。一般来说，植物的叶子枯萎后便脱落了，而非洲大草原上的一些芦荟的枯叶却死而不落。一场火灾后，死叶覆盖主干的芦荟中有90％以，上经受了炼狱的考验活了下来。由于芦荟的死叶含有某种不易燃的物质，在死叶的保护下，无法达到致死的高温，使芦荟免遭一劫。

美国林业专家发现常春藤等几种植物也不怕火烧，甚至可以称为灭火植物。原来它们接触火苗后本身并不燃烧，只是表面发焦，因而能阻止火焰蔓延。有人设想，如果将常春藤成排地种植在森林的周围，就能形成防火林带。在我国粤西山区森林中，有一种木荷树也是防火能手，能遏止火势蔓延。它的树叶含水量高达45％，在烈火的烧烤下焦而不燃。它的叶片浓密，覆盖面大，树下又没有杂草滋生，因此既能阻止树冠上部着火蔓延，又能防止地面火焰延伸。因此，木荷树是一种不可多得的防火树。

海松也是一种不怕火烧的树。海松是生长在我国海南的一种树木，用它做成的烟斗，即使成年累月的烟熏火燎也不会被烧坏。这是由于海松具有特殊的散热能力，木质坚硬，特别耐高温。

不怕火烧的植物奇也不奇，只是这些物种在其漫长的进化过程中，逐渐形成的一种自身保护能力而已。

会跳舞的"风流草"

在菲律宾、印度、越南以及我国云贵高原、四川、福建、台湾等地的丘陵山地中,生长着一种能翩翩起舞的植物,人们叫它"风流草"。

名曰"草",实际上它是一种落叶小灌木。它一般高15厘米,茎圆柱状,复叶互生。它的叶子由三枚小叶组成,中间一叶较大,呈椭圆形或披针形状,两边侧叶较小,呈矩形或线形。风流草对阳光非常敏感,一经太阳照射,两枚小侧叶会自动地慢慢向上收拢,然后迅速下垂,不停地画着椭圆曲线,不倦地来回旋转。这种有节奏的动作就像舞蹈家舒展玉臂,翩翩起舞。风流草跳起"阳光下的舞蹈"真是不知疲倦,傍晚时分它才停息下来。有趣的是,一天中阳光愈烈的时候,它旋转的速度也愈快,一分钟里能重复好几次。

风流草有一分支叫"圆叶舞草",它的特征是顶部生卵形或圆形小叶,跳起舞来舞姿更轻盈。风流草何以起舞,植物学家普遍认为与阳光有关,有光则舞,无光则息,就像向日葵冲着太阳转动头茎一样。更加深入地研究,就会产生各种分歧。有人认为是植物体内微弱电流的强度与方向的变化引起的;有人认为是植物细胞的生长速度变化所致;也有人认为是生物的一种适应性,它跳舞时,可躲避一些昆虫的侵害;再就是生长在热带,两枚小叶一转,可躲避酷热,以珍惜体内水分。

风流草究竟为何原因昼转夜停,仍存在着很多疑问,要解开这个谜还需植物学家们继续深入探索。

△ 风流草

北极苔原奇观

北极圈以北的陆地上，基本上没有树木，只有草原，叫做苔原带。冬天一片洁白，是冰雪的世界，看上去似乎没有什么生气。但是，夏天一到，万物复苏，草绿花红，鸟飞鹿鸣，狐狸忙于做窝，旅鼠忙于打洞，显出了无穷的生机与活力。如果从飞机上看下去，苍茫大地更美丽。有的地方，阡陌连片，沟壑纵横，仿佛是精耕细作的良田；有的地方，圆丘高凸，起伏连绵，但却并非山岭，而是由巨厚的冻土隆起而成；有的地方，湖光闪烁，河流蜿蜒，错综复杂，像是人工建造的灌溉系统；还有的地方，花儿盛开，水草青青，驯鹿嬉戏，天鹅升空，仿佛是一个世外桃源。所有这一切，都是大自然的杰作，天造地设，鬼斧神工，与人类没有任何关系。原来，这一带的地下是几百米厚的永久性冻土，只有地表才在夏季融化薄薄的一层。融化的雪水渗透不下去，就造成了千湖万河的流水系统。这样的一冻一化，久而久之，就形成了一种独特的景观，仿佛上帝在这里造了一个伊甸园，使北极披上了一层神秘的色彩。

实际上，北极苔原并不单是苔藓的天下，而是长满了各种各样千奇百怪的植物。这些植物，既要对付寒冷多变的气候，又要适应非常短暂的生长期，因此必须各有绝招，否则就难以活下去。

与南极相比，北极夏天温暖而湿润。所以，北极的地衣种类比南极多得多，而且也高大得多，常呈丛状，可以长到十几厘米高。而北极的苔藓，共有500多种，在大大小小的土丘上和密密麻麻的草丛中，到处可以看到它们的踪迹。鲜艳的一片，绒布一样，撕不破，踩不烂，既不怕冷，也不怕干，只要有一片土壤。它们就能顽强地生存，年复一年。地衣在-20℃时仍能生长，苔藓在零下十几度时还在继续发育。

△ 蝇子草

然而，在苔原上分布最广的植物并不是苔藓，而是韧草。它们有点像温热带的茅草，但却矮小纤细。它们大量生长在沼泽地区，并不开花结果，而是利用根茎往外扩展，盘根错节，在冻土之上形成一层薄薄的草皮，踏上去松松软软，就像是走在地毯上。韧草的叶子颜色鲜艳，有些地方一片绯红，有些地方一片葱绿，能够编织出各种各样美丽的图案。

北极具有代表性的植物是石南科、杨柳科、莎科、禾木科、毛茛科、十字花科和蔷薇科，大多为多年生，主要靠根茎扩展的无性繁殖。北极的夏天只有不到两个月的时间。因为生长期很短，植物来不及按部就班地完成发芽、开花、结果、成熟这样一个漫长的周期，只好八仙过海，各显其能，想方设法活下去。例如，蒲公英的花蕊，来不及授精同样也可结出成熟的种子。还有北极棉花，茎上顶着一个白色的绒球，斑斑点点，迎风招展，像是散落在大地上的无数珍珠，把北极草原点缀得格外美丽。但是绒球并非果实，而是种子的棉衣。北极夏季短且气温低，种子难以正常发育。它们利用这些绒球来保护自己的种子，把种子包在绒球里，即使突然降雪，气温降到零下，躲在里面的种子照样也可以生长、成熟。

北极的开花植物，大多具有鲜艳的花朵和花序。例如，勿忘草、野罂粟和蝇子草等，都长有美丽的花朵，而且鲜艳无比。特别是北极罂粟，在十几厘米高的纤细的花梗上，顶着一朵朵茶杯形的小黄花，显得格外娇艳。实际上，北极罂粟的花朵之所以长成茶杯的形状，是用来反光的，鲜艳的花瓣就像反光镜一样，将太阳的能量聚焦到花蕊上，以提供热量，保证花蕊能正常地发育和生长。

北极多数植物都是常绿植物。例如，小灌木和石南科的植物，还有喇叭花和岩高兰，以及越橘和酸果蔓等，即使在冰雪之中，也能保持葱绿，可以节约宝贵的时间，春天一到，立即就可以进行光合作用。这也是被大自然逼出来的，如果要等天暖和了才开始生长，新叶还没有长好，夏天就过去了。

北极植物还有一个共同特点，就是矮小、匍匐，常呈垫状生长，这样不仅可以尽量多地吸收从地面反射的热量。而且还可以有效地抵御大风的吹袭。例如，在加拿大北部，偶尔可以看到的黑鱼鳞松，就是纤细矮小，紧紧地贴在地面上。而在世界其他地方，这种松树都是高大、挺拔、枝繁叶茂的雄伟乔木。还有北极柳树。在世界其他地方，柳树都是高大的乔木。但是在北极，柳树却是低矮的一丛，紧贴着地皮，状如野草，小得可怜，连灌木都算不上。这是因为北极的风大而且多，地表的土壤层又很薄，只有十几厘米厚，下面便是坚硬的冻土层，石头似的，根扎不下去，如果长得高了，就很容易被风吹倒，甚至连根拔起。因此，北极的柳树就只好盘根错节，匍匐在地，以免树大招风，一年中只能生长几个毫米。甚至连一些显花植物，例如爬地杜鹃，冰川毛茛和山酸模等植物，在−5℃时也仍然在生长。而像北极辣根菜的花和嫩小的果实，冬天被冻结起来，进入休眠状态，春天一到，则可继续发育。由此可见，北极的严寒，对于各类植物来说，是一种多么残酷的制约因素，不仅迫使它们生长得极其缓慢，而且还必须尽量矮化。有些生长在裂缝边缘的植物，甚至头朝下，根在上，把身子扎进了裂缝里。

在北极草原上，可以看到红色的草叶，鲜艳一片，正如秋霜染红了的枫叶，但却很少看到红色的花朵。因为红色的花朵，往往需要更多的阳光和能量。只有马先蒿开着粉色的小花，在茫茫草原上显得格外突出。为了保护脆弱的种子，马先蒿在花朵的四周，长出了长长的绒毛，以保存阳光的能量，并抵御寒风的吹袭。

如此丰富多彩的苔原植物，构成了北极陆地生态系统最基础的一环，不仅为许多动物准备了口粮。也为它们提供了庇护所。由于这些植物的存在，固结了冻土层表面的土壤层，为生活在北极的细小生命，如细菌、蠓、螨和蚊子等生物体提供了栖身之所。从而为许多鸟类提供了食物。与此同时，这些植物也直接为食草动物，间接为食肉动物提供了口粮，构成了初级生产力。

植物有没有免疫功能

　　植物出现在地球上已将近100万年，在漫长的岁月中，植物作为寄主，不知要与真菌、病毒、细菌等寄生物发生过多少次结合与抗争，但至今地球上的植物仍如此繁多茂盛，足以说明，植物同动物一样，具有抵御外界病毒侵入的免疫机制。

　　一个世纪以来，人们对植物应用免疫方法抗病进行了一系列研究。把诱导因子接种在幼小植株上，使植物整体产生免疫功能，以达到抗病的目的。方法就是将这些诱导物喷洒在叶片表面，浇灌根部或直接注射进植株体内。对同一种植物来说，诱导因子可以是多种的，而且诱导产生的抗病性并不局限于一种病原菌，而是多种防护，具有一定的广谱性。德国人曾用灰葡萄孢浇灌菜豆的根，使植株免疫。美国人用瓜类刺盘孢和烟草坏死病毒诱导黄瓜免疫，使黄瓜对黑茎病、茎腐病、黄瓜花叶病和角斑病等10种病害产生了抗性。单一诱导可使植株免疫4～6周，若再次强化诱导，免疫效应一直可延续到开花坐果期。目前，人们使用免疫诱导已经在烟草、黄瓜、西瓜、甜瓜、菜豆、马铃薯、小麦、苹果等多种作物中获得成功。

　　植物免疫为什么会减少病害的损伤面积？人们通过研究发现，免疫植株的木质化作用增强了，细胞壁的机械抗性加强，使植株形成一种结构屏障，病原菌进入免疫植株的穿入能力明显降低。另外，产生的酚木质素具有剧毒性，这种游离基的毒性又使植株形成了化擘屏障，抑制了真菌发育和细菌、病毒的侵入增殖。

　　人们还发现，免疫植株中一种叫植物抗毒素的化学物质明显增多，而且多在病原菌侵染部位。植物抗毒素可以直接抑制病原菌的生长。科学研究证实，到目前为止，至少有17个科的植物中有植物抗毒素的积累，而且同一科的植物所具有的植物抗毒素有明显的相似性。

现在人们普遍认为，免疫植株中木质化程度的加强和植物抗毒素的合成都与免疫植物体内一种次生代谢——苯丙烷类代谢的加强有关，二者可能是此种代谢的最终产物。

但是，植物免疫机理也未完全搞清，免疫作用的稳定性和遗传性还有待进一步研究，所以目前植物免疫大多还只停留在实验室阶段，极少投入田间应用。但植物免疫不污染环境的突出优点，使科学家们在不断地努力，探索那些未解之谜。

植物的螺旋现象是受地球自转影响吗

地球自转所形成的重力，对人、对动物所形成的影响已众所周知。而它对植物的影响也成为人们关注的对象。

地球自转对植物的影响，从外观上看，就是无所不在的螺旋体。最明显的例子就是爬蔓植物啤酒花。它的茎生长非常迅速，很快缠住树木的枝干，按逆时针方向盘旋上去，形成了左螺旋。爬蔓植物大都是沿着支撑体向右盘旋上升的，只有少数方向向左旋。除爬蔓植物外，其他植物的叶子也都是按螺旋方式长在茎上的，例如芦荟、柳树、榆树、赤杨、柞树、柳兰、草地矢车菊等植物，它们的叶子都是明显按螺旋方式排列在枝上的。另外，大多数草的叶子的排列也都是螺旋式的。

据科学研究发现，右旋植物的叶子右半部发育较快，左旋植物的叶子左半部发育较快。我们还可按照叶序旋转的方向辨别出植物的性别。比如白杨、柳树、月桂树和大麻等植物，阴性的叶子是从左向右，阳性的叶子则从右向左排列。

有些针叶植物，它们的螺旋性并不表现在叶子在茎上的排列形式，而是表现在这些叶子的旋

△ 右旋植物

转方向上。像成对生的松树针叶常常是以螺旋式旋转的，而每一对松针旋转的方向总是一致的。

人们还发现，椰子树的叶子也是按螺旋式排列的，这种排列因其在赤道南北的位置不同而不同。生长在赤道以北的椰子树叶大多数是左旋的，而生长在赤道以南的，则是右旋的。

不但植物的茎叶是螺旋排列的，它们的花朵上的花瓣也往往同样按螺旋方式集聚在一起。果实也不例外，例如复果、向日葵的花盘、松树和白杉的球果等都呈螺旋状。

那么植物的螺旋现象是如何形成的呢？有些科学家认为，是受宇宙中星体旋转的影响。也有的科学家认为，是受地球的引力场和电磁场的影响。这些研究还是初步的，植物的螺旋现象之谜还有许多疑团没有解开。

叶绿素是植物特有的吗

　　植物世界呈现的生机勃勃的绿色，是由于植物含有叶绿素。植物的叶细胞中含有叶绿体，叶绿体中含有的一种独特而重要的绿色色素就是叶绿素。植物正是利用叶绿素来进行独特的光合作用。利用光能把吸收的二氧化碳与水化合成有机物，作为自身生长所需的养料贮存起来。

　　英国植物学博士格鲁斯瓦西通过对叶绿素进化过程的研究，进一步证实了这一观点。他认为，原始植物并没有叶绿素，它们是靠细胞视紫质进行光合作用的。由于这种色素专门吸收中等波长的绿色，所以原始植物不是绿色的，而是呈现除绿色外的其他颜色。这种光合作用不是靠吸收二氧化碳进行，而是靠吸收原始海底堆积的有机物。经过漫长的历史变迁，海底有机物不断减少，为了维持自身营养需要，原始植物逐渐进化出含有叶绿素的叶绿体。叶绿体主要吸收红光与蓝光，几乎不吸收绿光，所以植物才显示出绿色。

　　过去，人们一直以为叶绿素是植物所独有的。可是不久前，美国一个海洋研究所的斯道卡博士的发现，却对人们对叶绿素为植物所独有的观点提出了质疑。斯道卡博士发现，海洋中的一种动物型浮游

△ 含有叶绿素的植物

生物纤毛虫，几乎有一半体内有叶绿素，并且能用叶绿素进行光合作用，制造供自己生存的有机物质。这一发现显然是对传统学说的一个严峻挑战。不过，有许多问题斯道卡博士还没有搞清：纤毛虫体内的叶绿素是自身分泌的吗？如果是自身分泌的，为什么另一半纤毛虫体内并没有叶绿素。是摄食的海藻未完全消化而积存在体内的吗？如果是从海藻中获得的，为什么这些从外界摄入的叶绿素仍然会同在体内一样进行光合作用呢？这让科学家们感到困惑。而解决这一问题具有重大的意义。现在人们已经知道了叶绿素的构成成分，并能人工合成叶绿素。如果叶绿素会在动物体内存在并产生光合作用，那么家畜可以改变饲养方式，节约大量饲料，人类自身的饮食结构也将得到彻底的改变。我们盼望着这一科学幻想早日变成现实。

植物引种驯化条件是什么

著名科学家达尔文在《物种起源》一书中指出，在自然和栽培条件下，通过自然选择和保持新的变种能使植物驯化，这种驯化可以在植物后代中长期进行。因为有机体的遗传性不管有多么强大，都会在改变了的条件下产生变异，形成新的变种，经过选择后就能获得新类型的植物，也就是说，驯化是植物本身适应新环境和改变生存条件要求的过程，而选择则是人类驯化活动的基础。

20世纪初，德国著名的林学家迈伊尔在他的论著中提出了"气候相似论"的新观点。认为植物尤其是树木引种成功与否的根本原因，在于原产地气候条件与新地区的气候条件是否相似。他采用以温度为主的几个气候指标，把北半球划分成六个"林行"带，认为只有在这些林带之间迁移植物，才会有成功的可能，否则将十分困难。这一理论把气候环境因素提到了首要地位，而把植物的变异性降到无关大局的位置，在当时影响很大。

植物学家马立夫则全盘否定了"气候相似论"。认为世界上根本没有气候完全相似的地区，因此树种迁移根本就是不可能的。

这一观点遭到了更多人的反对，苏联学者瓦维洛夫据此提出了一个折中的观点，在引种时，考虑植物原产地的气候，并尽可能地从与本国气候多少有些相似的地区选择引种对象是非常重要的。但同时决不能忽略自然的综合因素和植物可以改造的一面。为了证明这一点，看看植物对环境适应性究竟有多大，许多科学家克服了重重困难，进行了卓有成效的研究，其中最杰出的是苏联园艺学家米丘林和美国育种学家布尔班克。他们通过大量的定向培养和远缘杂交等方法，使植物改造进入了一个新时代。

人们对迁移植物的环境和条件仍然进行着有益的探讨，也许有一天能在各种不良环境中培养出优良品种，要实现这一理想，还有许多未解之谜尚待解开。

植物光合作用的奥秘

绿色植物在阳光照射的条件下，利用空气中的二氧化碳和从根部吸收来的水，在叶绿体中制造有机物，同时放出氧气。这个过程就叫做光合作用。

这个定义说明的仅仅是光合作用的表面现象，其实光合作用是个极其复杂的过程。对它的认识更是经历了一个漫长的过程。

在2400多年前，古希腊的大科学家亚里士多德认为，植物的根是一张嘴，植物生活和生长所需的一切物质，都是通过根从土壤中得到的。在以后的2000年间，人们一直接受这个观点。

在17世纪初，比利时科学家范·赫尔蒙特认为，如果植物的营养都是从土壤中吸收来的，那么植物不断生长，土壤就应该不断减少。于是他做了一个实验，把90千克的土壤放在花盆中，然后种上2千克重的柳树，并经常浇水，5年过去了，柳树长到76千克，而花盆中的土壤只少了60克。根据这个实验，他认为，植物是利用水来制造"食物"的。至于是怎样制造的，他还不知道。

到了16世纪，人们通过实验认识到，植物是利用空气来生活的。大约250年前，荷兰人简·英杰豪斯发现，当太阳光照射植物时，植物吸进二氧化碳，呼出氧气；而天黑时，植物则吸进氧气，呼出二氧

△ 植物需要光合作用

化碳。19世纪中期，人们发现了叶绿体，并发现植物需要从土壤中吸收某些无机盐。

进入20世纪后半叶，随着科学技术的迅猛发展，人们对光合作用的机理有了进一步认识。光合作用大致分为光反应和暗反应两个过程。光反应主要是捕获光能，将其转变成化学能，并贮存起来，并将吸收的水分解而放出氧气。紧接着是暗反应，即利用贮存的能量去固定二氧化碳，经过一系列变化，最终形成碳水化合物，如葡萄糖等。

人类对光合作用的理解仅仅是开始，光合作用的机理还没有真正让世界上的几万名科学弄清。今天，全家组成的队伍，在探索光合作用的奥秘。一旦掌握了光合作用的奥秘，人们的生活方式将被改变。

藻类植物进化探秘

植物学家把植物分成藻类、苔藓、蕨类和种子植物几个大门类。其中藻类植物是地球上最古老的植物，并且种类繁多，目前被发现的约有2.5万种。我们吃的海带和紫菜就是藻类。

19世纪，植物学家们按藻类外观颜色简单地把藻类分为绿藻纲、褐藻纲、红藻纲和以蓝藻为主的粘藻纲4个纲。直到1951年，史密斯等人编写了第一本世界上较权威的《藻类学手册》，将藻类划分为绿藻门、蓝藻门、裸藻门、甲藻门、金藻门、褐藻门和红藻门7个门。

在对藻类的研究中，藻类学家们纷纷把研究重点放在藻类的进化上。1900年，布莱克曼排出了第一个绿藻进化谱系图。在这个谱系中，他认为绿藻的原始类型是具有鞭毛的单细胞游动胞型，如衣藻。以后由它经胶体群体阶段，即空球藻这一类，发展为囊球体阶段，如团藻这类已经有细胞分化的藻类。受布莱克曼的启发，博林在一年后也排出了其他非绿色藻类的进化谱系图。接着，佩斯奇经过对其他藻与鞭毛藻的比较分析，指出藻类起源是单元而非多元，并提出了平等进化的理论，即所有藻类的祖先都是鞭毛类，以

△ 藻类植物

后才各自平行地演化下去。

日本学者木村阳二郎则认为，最原始的藻类是蓝藻，由它进化为裸藻。裸藻的进化则分为两支，一支是甲藻，另一支是绿藻。甲藻以后经隐藻进化为黄藻。

另一位科学家查德菲德则主张根据叶绿素的出现，把藻类的系统发育分为三次大进化：一次是从蓝藻向原绿藻；一次是从蓝藻向绿藻；一次是从甲藻向裸藻。

1983年，我国藻类学家曾呈奎、周百成提出，应把光合作用特点作为划分生物各大类群的第一级标准。依据此观点，藻类在三条进化途径上，曾发生过三次从原核藻类向真核藻类进化的过程。首先是从原核的蓝藻进化到真核的红藻；第二次是从假设存在的原核的原鞭藻进化到隐藻和甲藻等比较原始的真核藻类，进而发展为黄藻、金藻、硅藻和褐藻；第三次发生在从原绿藻、白裸藻、绿藻和轮藻进化的绿色植物系列。

以上各种假说哪一种更符合进化实际，还有待人们进一步探索。

植物与真菌共生之谜

　　早在一百多年前，人们在研究水晶兰时，就发现了植物与真菌共生的现象。

　　水晶兰之所以引起科学家们的兴趣，是由于它独特的外貌和性征。水晶兰体内没有叶绿素，茎上也没有叶子，而是覆盖着无数细小的鳞片。单从形态上看，水晶兰很像寄生植物，但是它又确实生长在土壤里。那么，它是如何获得有机养料的呢？既然它没有叶绿素，不能通过光合作用制造养料，就只能从外界摄取，它是像寄生植物那样从树根获取营养呢，还是像腐生植物那样靠自己获得营养呢？

　　19世纪80年代，新俄罗斯大学的波兰籍学者卡缅斯基开始着手研究这种奇特的植物。他通过研究得出，水晶兰不是寄生植物，它是从土壤中获得有机养料的。水晶兰的表皮上密密覆盖着一种真菌的菌丝，菌丝体甚至比表皮本身还要厚，而且深深地侵入根组织中。显然这不是寄生真菌，因为寄生真菌只会在根的表面，而不会侵入根中，由此看来，菌丝在这里是替代了根毛，为水晶兰承担供水和吸收营养的任务。

　　水晶兰奥秘的揭开，引起了人们对兰

△ 水晶兰

科植物的全面研究。兰花的种子异常微小，简直就像一粒灰尘，而且里面几乎没有贮存着任何营养物质，人们想尽办法，也不能让它们在人工条件下发芽。那么兰花种子在自然环境中是如何萌发的呢？一个偶然的机会，法国植物学家贝纳尔在检查一个巢兰的果实时发现，里面的种子已经萌发成数百棵极微小的幼苗。他在显微镜下解剖了这些幼苗，见其细胞内有极细的菌丝。由于每个幼芽内都有真菌菌丝存在，所以贝纳尔推断，真菌菌丝能穿透种皮进入成熟的种子内部绝非偶然，而是兰花种子萌发必不可少的条件。为了证实这一点，贝纳尔从兰花的根部取得真菌丝团放在营养冻胶上培养，正如他所期望的那样，真菌的菌丝一进入种子，种子便开始发芽，并在几个月后成长为真正的兰花。贝纳尔第一次成功地进行了人工培养兰花种子萌芽，也无可辩驳地证明了他自己的猜想：兰花种子必须有共生真菌才能发芽。

真菌与植物共生的关系正在逐步被人们所认识，但是植物与真菌共生的生理机制是什么，至今还是一个谜。

有些植物不结籽之谜

    植物种子是繁殖后代不可缺少的种源。但有些植物开花结籽，有的植物光开花不结籽，有的植物干脆就不开花。如水稻、棉花、玉米、大豆等作物，他们都开花结籽后死亡，收获的种子可来年再播种。但像大蒜、慈姑、荸荠、芋艿、甘薯等植物，人们很少看到它们开花，有的虽然开花，但结不了种子。为此，它们的后代繁殖只能靠地下的鳞茎、块根、块茎等。

    随着长期种植和驯化，植物对不利的自然气候有了逐渐适应的本领。如怕寒冷的水稻、棉花、玉米、大豆等植物，在冬天来临之前就完成了一年的生长周期。不怕寒冷的植物冬天照样在地里长着，如小麦、油菜、松树等，其中有的植物干脆地上部死去或叶片脱落，留下鳞茎、块根、块茎、树干等，来年春暖花开再重新发芽。但有的喜温植物即使地下能长块茎、块根等，但在寒冷的冬天，这些块茎、块根等在土壤中也越不了冬。为此，人们产生了一种误解，认为大多长地下块茎、块根等植物，它们的花差不多都退化了，有的即使授粉也结不了种子。如大蒜、百合、荸荠、慈姑、甘薯、洋姜等植物。这种认识不一定正确，也就是说，当你还没有完全研究清楚之前就下结论，未免太早。如杨树、银杏等植物，为

△ **雌雄花异株植物**

什么只见开花，不见结籽，或者有的结籽，有的不结籽。因为它们有的是雌雄花异株植物，有的必须异株、异花授粉。如杨树本身花粉的生命力又非常低，一粒成熟的杨树花粉，在空气中若经过24小时后，就将丧失了生命力。为此，一些零星分散的杨树，当然就很难看到它的种子了。

再如甘薯，它本身就是热带植物，可是在我国常温下种植，因为有效积温不够，人们根本就看不见它开花结籽。当你在温室里种植，你就可以见到甘薯照样开花结籽。因此，像大蒜、兹姑、芋芀、洋姜等植物是否也能开花结籽，有待于人们继续去探索。但有一点要提醒的，正是像大葱、兹姑、芋芀、甘薯等植物有大量发达的地下块茎、块根等，杨树、柳树、月季花等植物技知扦插能活的繁殖本领。所以长期以来，人们就没有把它们繁殖种子多少列为育种目标。

矮化砧果树矮化之谜

有的果树砧木能使树体变小，这种影响叫做矮化。具有矮化作用的砧木，称为矮化砧。矮化砧果树同乔化砧果树相比，最大的优点就是，具有树体矮小，开花结果早，单位面积产量高，能早期丰产。矮化砧果树为什么能矮化、早果呢？大约有以下几种认识。

第一，从组织构造的差异看。矮化砧根、茎的构造与乔化砧不同。矮化砧具有韧皮部发达，木质部所占比例相对较小，所以矮化砧从土壤中得到的水分和无机盐类相对地减少，使生长受到抑制，而韧皮部发达，有利于营养物质的输送和积累，促使早结果。木质部与韧皮部悬殊越大，矮化作用越明显。另外，矮化砧的木质部和韧皮部中薄壁细胞较多，其细胞组织较多，消耗营养物质就较多，所以影响地上部生长使树体矮化。矮化砧根系的根毛较短，根量也较少，与土壤接触小，吸收能力就较弱。也会影响地上部生长而使树体矮化。

第二，从生理功能的差异看。矮化砧因组织构造差异，从而使根系和地上部之间发生水分、无机盐类和光合产物的相互限量供应外，矮化砧的呼吸强度和蒸腾强度均低于乔化砧，有利于营养物质的

△ 矮化砧果树

积累。特别是地上部积累碳水化合物较多，而由砧木往上输送的含氮物质较少，所以在抑制地上部营养生长，使树体矮化的同时，有利于花芽形成，早果、丰产。此外，国外有人认为矮化砧中氮少、磷多，这种氮、磷积累的不平衡关系，促使树体矮化。也有人认为矮化砧内电解质较多，而促使树体矮化。

第三，从生长抑制物质含量的差异来看。有人发现，嫁接在矮化砧上的苗木，脱落酸的含量高于乔化砧上的苗木。而脱落酸是生长抑制物质，能抑制细胞分裂和伸长，抑制枝条的生长和根的分枝，从而使树体矮化。另外，美国也在柑橘树体内发现了脱落酸，如果柑橘植中脱落酸含量占优势，则树体生长弱而矮化。

第四，是矮化病毒的影响。1959年开始，有人通过试验认为，苹果矮化砧木的矮化作用是由一种叫做大果海棠矮化病毒所引起的。澳大利亚发现柑橘纵裂鳞皮病病毒，能抑制柑橘生长，使树体矮化。日本也发现一种叫温州蜜柑矮化病毒，经嫁接接种后可使温州蜜柑植株矮化。也有人提出，果树的矮化机制与基因有关。

综上所述，引起果树矮化、早果的原因是多方面的，国内外进行过许多报导，不管哪一种结论，仅是解释了一些现象，而还有说不清或矛盾的现象，即矮化砧果树矮化、早果的生理机制至今仍没有很完善的理论表达清楚，还有待于进一步科学研究。

果树嫁接成活的奥秘之谜

　　嫁接是繁殖果树苗木最常用的方法。它最大优点就是能够保持亲本的优良性状代代相传。除此之外，还有利用砧木适应性强的特点，增强果树的抗逆性；利用矮化砧嫁接使树体矮化，提早结果等。

　　果树嫁接能够成活，一般解释为，由于砧木与接穗结合部分形成层有再生能力。嫁接后使接穗和砧木伤口形成层的薄壁细胞分裂，形成愈伤组织填满结合部空隙后，因渗透压差异出现胞间联丝，然后进一步分化输导组织，使两者结合，维管束连通形成一体而成活。

　　在生产上，不是任何两种果树都能嫁接成活。一般情况下，嫁接能否成活主要决定于砧木与接穗之间亲和力的大小。亲和力是指砧木和接穗嫁接后在内部组织结构，生理和遗传特性方面差异程度的大小。差异越大，亲和力越弱，嫁接成活的可能性越小。这些差异是植物在系统发育过程中形成的。具体表现在解剖上，就是砧木与接穗两者形成层薄壁细胞的大小以及组织结构的相似程度。

　　有人做过试验，用日本梨和西洋梨嫁接在褐梨上生长良好，因为接穗比砧木的渗透压低或相等，而用日本梨和秋子梨作西洋梨的砧木时，则表现出不亲和的生理病害。中国板栗嫁接在日本栗上，因为后者吸收无机盐多而不亲和，但中国板栗嫁接在中国板栗上则亲和力良好。这些是由于砧木与接穗之间生理机能协调的影响。

　　亲和力的强弱与植物亲缘的关系，一般规律是亲缘越近，亲和力越强。同品种和同种间嫁接亲和力最强，最容易成活。如板栗接在板栗上，桃接在毛桃上等。同属异种间嫁接亲和力，因果树种类而异。如苹果接海棠果上，梨接在杜梨上，甜橙类接在酸橘上等，都具有很好的亲和力。同科异属间的亲和力，一般比较小，应用也较少。至于科间嫁接是否亲和，目前尚无报道。

一般情况下，亲和力与亲缘关系远近有关，但也有特殊情况，如平邑甜茶和泰安海棠同属湖北海棠这个种，但苹果接在平邑甜茶上亲和力很强，接在泰安海棠上亲和力则弱。而苹果各品种对泰安海棠作砧木表现也不一样，如金冠接于泰安海棠上成活率较高，而青香蕉用其作砧木则成活率很低。此外，两种果树如把作接穗的改作砧木，亲和力也会发生变化，如日本栗接于中国板栗上，生长良好，反接则亲和力不良。

综上所述，嫁接的成活主要决定于接穗与砧木亲和力的大小，而嫁接亲和力又受多种因素制约，而彼此之间的关系又十分微妙。尽管人们对嫁接的基本原理有了比较清楚的了解，嫁接技术也在生产中广泛应用。但还不能说对嫁接亲和力的问题完全弄清楚了。为什么有的亲缘关系近嫁接不亲和，而亲缘关系远嫁接反而亲和，为什么接穗和砧木正接亲和，而反接则不亲和，嫁接愈合过程中接穗与砧木之间生理机能又是如何协调的？激素在嫁接亲和中起何种作用等。这些方面都还了解得很少，有待于人们去揭示。

萝卜糠心之谜

　　萝卜营养好，产量高，成本低。此外，萝卜还耐贮藏、运输，供应期长，是冬春季主要蔬菜之一。但是，萝卜生产中有一个主要缺点就是糠心。萝卜的糠心又称空心，是肉质根的木质部中心部分发生空洞的现象，萝卜糠心严重地影响了食用价值。糠心的肉质根重量轻、质量差、不耐贮藏。在肉质根的生长后期，由于肉质根迅速膨大，木质部一些远离输导组织的薄壁细胞，缺乏营养物质的供应而呈"饥饿"状态，细胞内开始时出现气泡，逐渐形成群，同时还产生细胞间隙，最后造成萝卜的糠心。萝卜糠心究竟与哪些因素有关系呢？

　　首先，糠心与品种有关。凡肉质根松软，生长快，细胞中糖含量少的大型品种容易糠心。第二，糠心与播种期有关。播种过早，肥水供应不当，尤其是早春湿润，而后期肉质根旺盛生长时遇到干旱，容易引起糠心。第三，糠心与贮藏环境有关。肉质根贮藏在高温干燥的场所，也会因失去大量水分而糠心。第四，糠心与抽薹有关。萝卜抽薹时，同化器官制造的养分及肉质根贮藏的养分都向花苔中运送，供给抽薹开花结实用，这时肉质根就变为空心，失去食用价值。另外，土壤中缺乏微量元素"硼"，肉质根上部外露也容易引起糠心。

　　多年来，尽管人们对产生萝卜糠心的原因有了初步了解，采取措施防止萝卜糠心的出现。但是，目前有关萝卜糠心的几个主要因子的相互关系以及主导因子并不清楚，而且出现糠心时物质运输过程也并不十分明朗。另外，在相同栽培条件下，有的品种糠心较重，有的品种糠心较轻，显然仅仅从其本身的特性来解释也是不全面的，这些方面都有待于进一步探讨。

黄瓜出现畸形瓜之谜

黄瓜在果实发育期间，需要充足的养分和水分，若缺肥少水，则果实生长缓慢，产生畸形。常见的畸形有：尖嘴、大肚、蜂腰和僵果等。畸形瓜一般多在早春根瓜发育期或后期植株衰老期出现。产生畸形瓜的原因很多。主要有以下几点。

首先，在花芽发育时，光照不足，昼温高，昼夜温差太小，植株生长势弱，都会使子房发育不良，产生畸形瓜；第二，在授粉不良或受精不完全时，由于部分胚珠内卵细胞受精发育为种子，对养分吸收加强，此部分果实膨大，靠近没受精的胚珠那部分就瘦小，这样便产生尖嘴、大肚和蜂腰等畸形；第三，幼苗期施肥或浇水不当，茎叶徒长，供给果实发育的营养不足，使果实过早停止发育，形成果梗短粗，瓜顶尖细呈圆锥状尖果；第四，在高温干燥条件下，植株早衰，养分积累减少，或在果实发育中途，减少肥水，也会产生畸形瓜。

畸形黄瓜多影响生产效益，所以要防止和减少畸形瓜的产生，目前生产上采用的方法主要是，根据植株和果实的生长发育情况，结合天气变化，均匀追肥和浇水，加强防病。另外，如发现畸形瓜时，为保证正常瓜的良好生长，可将畸形瓜及早摘除。

目前，关于产生畸形瓜原因的研究，从外部环境因子方面研究的较多，而从内部机理方面的研究甚少，如植物生长调节剂对产生和防止畸形瓜黄的作用是什么？为什么在早春根瓜期发生畸形瓜较多？这些方面目前并不十分清楚。

仙人掌类植物多肉多刺的奥秘

仙人掌类植物属仙人掌科，有两千多种，它的叶片退化成刺状、毛状，茎都变成多浆、多肉的植物体。形态变化无穷，千姿百态，有圆的、有扁的，或高、或矮，有的长条条，有的软乎乎，也有柱形直立似棒和短柱垒叠成山，真是形形色色，古怪奇特。

仙人掌类植物为什么会出现这种多肉多刺的古怪形状呢？这是因为仙人掌类植物的老家是南美和墨西哥，长期生长在干旱沙漠环境里，为了适应这种生存环境，多肉多刺的形状主要作用就是为了减少蒸腾和贮藏水分。

大家知道，植物生长需要大量水分，但吸收的水分又大部分消耗于蒸腾作用，叶子是主要蒸腾部位，大部分水分从这里跑掉。据统计，植物每吸收100克水，大约有99克从植物体里跑掉，只有1克保持在体内。在干旱环境里，水分来之不易，为对付酷旱，仙人掌干脆堵住水分的去路，叶子退化了，有的甚至变成针状或刺状（一般把它看做变态叶），从根本上减少蒸腾面，紧缩水分开支。有人做过实验，把同样高的苹果树和仙人掌种在一起，在夏天里观察它们一天的失水量，结果是苹果

△ 仙人掌

10～20公斤，而仙人掌却只有20克，相差上千倍。另外，仙人掌的多种多样的刺，有的刺变成白色茸毛，可以反射强烈的阳光，借以降低体表温度，也可以收到减少水分蒸腾的功效。

　　仙人掌类植物一方面最大限度地减少水分蒸腾，一方面却大量贮水。沙漠地带水少，如果不贮备水分，就随时有干死的可能。仙人掌的茎干变成肉质多浆，根部也深入沙漠里，这是它长期练就的另一抗旱本事。这种肉质茎能够贮存大量水分，因为这种肉质茎含有许多胶状物，它的吸水力很强，但水分要想逸散却很困难。仙人掌之类植物正是以它体态的这些变化来适应干旱气候，才得以繁殖生存。

　　总之，仙人掌类植物的多肉多刺性状的作用就是为了减少水分蒸腾和贮藏水分，是它适应生存环境的需要。至于仙人掌类植物的多肉多刺是否还有其他作用，它的多肉多刺是如何演变的，怎样从沙漠环境下适应人工栽植环境的，在人工栽植环境下它的古怪形状有没有退化的可能，红色和黄色花只有靠嫁接才能生活吗？所有这些都有待于人们去研究。

郁金香"盲蕾"之谜

郁金香是百合科，郁金香属的多年生球根花卉。原产于地中海沿岸及中亚细亚、土耳其等地，后传入欧洲，经过几个世纪的栽培和杂交育种，它已经成为世界最著名的，各国广为栽培的球根花卉。

郁金香于秋季栽种种球，球根在地下经过一冬，第二年春随气温升高迅速生长并开花，花后地下新球根也快速膨大，6～7月将成熟的新球和子球挖出，贮藏在适宜的温度下让其渡过休眠期，秋季来临再种。但是有时经过贮藏后的球根种植后会出现花芽败育现象，即花蕾枯萎不能开放，又称盲蕾。最早发现这个问题的是日本人。在第二次世界大战前，郁金香的种球都是从荷兰经西伯利亚海运到日本，这些球根栽种后都能正常开花，第二次世界大战中，由于苏联对水面的封锁，运郁金香的船只能改道南下经印度洋再到日本，结果就发生了花芽败育现象。经过日本花卉专家的研究分析终于找出了原因，原来郁金香的花芽分化的温度是17～20℃，所以这段时间应将其球根贮藏在干燥且适宜的温度条件下，而这后一条运输途径使郁金香的球根暴露在印度洋高温多湿的环境中，致使花芽发育受到阻碍，造成盲蕾。

但是，就是在发现盲蕾现象的同时，却发现这

△ 郁金香

种不开花的郁金香，球根的繁殖能力却增强了，新球的质量也有所改进，这种现象，很快受到专家们的重视，并且在20世纪50年代中期由冢本氏等人，采用将郁金香的球根放在33℃～35℃高温下，人为地诱发盲蕾以增加新球的繁殖率，以后将这种人工促进郁金香球根繁殖的方法叫做消花法。现在消花作用的机理已基本上清楚，即当郁金香种球的休眠解除之后，球根内的生理作用开始活跃，而高温阻碍了球根内贮藏营养向可溶性营养的转化，致使活跃的中心——花芽因缺乏可溶性营养和水分而饥饿致死，由于消除了顶生花芽，破坏了顶端优势，使侧芽获得了萌发生长的条件，于是促进了球根的繁殖。

在进行郁金香的促成栽培中，经常将其球根挖出后先在34℃高温下处理一周，然后再放至20℃贮藏一个月使其花芽分化完成。那么为什么短时间的高温处理有利于郁金香的花芽分化，而长时间的高温处理就阻碍了其花芽发育？而且现在世界上郁金香的品种有8000余种，每个品种或每一类型的郁金香的消花处理时期和所要求的天数到底是多少仍是问题。

菊花千姿百态之谜

　　菊花原产于我国，是我国传统名贵花卉之一。它的祖先是一种小小的黄花，经过3000年来不断的自然选择和人工培育，发展到今天具有4000多个品种。菊花的叶型、花型、花色变化多，在花卉中名列榜首，在生活中，五彩缤纷、千姿百态的菊花，给人们以美的享受。

　　菊花不单给人们以美的享受，而且有的菊花还有很重要的实用价值，如浙江的杭菊是很好的清凉饮料；安徽的滁菊、亳菊是良好的清热、解毒中药；除虫菊更是人所皆知的天然农药。另外，菊花还有不怕烟尘污染，还能吸收空气里对人和动植物有毒害的气体，如二氧化硫、氟化氢等。菊花起到了净化空气，保护环境的作用。

　　菊花在自然界中的千姿百态，主要是由于自然环境的变化和人工杂交、驯化诱变的方法：第一，在自然界中由于气候和土壤环境条件变化，使原来的花色发生变化，形成一种新的花色，人们把它选择出来，通过无性繁殖保存下来，这也就是人们所称的"芽变"；第二，有性杂交，通过两个不同颜色的品种杂交繁殖出第三种花色来。有人们有意识的杂交，也有蜜蜂、蝴蝶和风传粉杂交而成；第三，运用物理和化学新技术使

△ 菊花

菊花发生"突变",如用X射线、γ射线和中子线处理菊花种子或枝条。这种人工"诱变"能更多更快地创造新品种;第四,也可用嫁接方法,把很多不同品种菊花的枝条嫁接到一株菊花上,使一株菊花变成多个花色。

到目前为止,增加菊花花色品种的方法大致有以上几种方法,但是,是否还有其他更理想的选育方法?如植物生长调节剂的应用等。同时,不管采用哪种方法选育菊花品种,人们还不能准确地选出想要的花型、花色,从某种意义上来说还具有随意性和盲目性。关于菊花的遗传机制方面以及为什么菊花组培快繁时,花瓣变单、花质下降等一系列问题,还都有待于进一步研究。

动物的心灵感应之谜

　　动物和人一样，也具有超常感的本能，它们也能够预感危险，这就是它们的心灵感应。

　　在美国，有只2岁的英格兰血统牧羊犬博比，它的主人名叫布雷诺，家住美国俄勒冈州。1923年8月，布雷诺带着小狗博比从俄勒冈州去印第安纳州的一个小镇度假时，博比不幸走失了。从此博比开始了它神奇、惊险而又极不平凡的超常旅程。博比用了6个月的时间，历尽千难万险，历经1500千米路程，终于从印第安纳州回到了俄勒冈州的家，找到了它的主人。对于博比这次艰险的1500千米旅程，很多人觉得简直难以置信，为了进一步证实这次旅程，俄勒冈州的"保护动物协会"主席返回到博比走失的原地点，勘查了这条小狗所走过的所有路径，访问了沿途许许多多见过、喂过、收留它住宿，甚至曾经捉过它的人，最后证实了这一切确实可信。

　　在人们都赞扬博比的忠诚、勇敢、坚毅的同时，科学家却想到了一个不可思议的问题，博比在几千里外是怎么找到路回家的？当初他的主人是开车走的公路，博比并没有沿着它的主人往返的路线走，而它走的路与主人开车走过的路一直相距甚远。事实上，根据动物协会勘查的结果，博比所走过的几千里路是它从来没有见过、没有嗅过，也根本不熟悉的道路。

　　对博比这次旅程经历研究的结果使人们相信，这条小狗之所以能回家，是靠着一种特殊的能力和感觉觅路的，这种本领与已知的犬类感觉完全不同。有人认为动物这种神秘的感觉和能力是一种人类尚未了解的超感知觉，或者称之为超常感。这个名词源于希腊文的第23个字母，用于代表自然界动物的超自然感官本能。它指的是有些动物能够以超自然的感觉感知周围的环境，或者与某人、某事，或与其他动物之间有着心灵的沟通。然而，这种沟通似乎是通过我们人类并不知道又无法解释的某些渠道进行的。

在意大利，有只名叫费都的小狗，它的主人去世后它非常伤心，以致为它的主人默默地守墓13年，不论别人怎么想把它弄走，它始终不肯离去。多少年来，在世界各国都发现了很多动物的超常感行为。例如，它们有的会跑到从来没去过的地方找到主人，有的似乎还能预感到自己主人的不幸和死亡，有的能预感到即将来临的危险和自然灾害，如地震、雪崩、旋风、洪水以及火山爆发等自然灾难。

1976年唐山大地震之前的四五天，就有好多人发现家里鸡犬不宁，猪、狗乱叫，一向很怕见人的老鼠一反常态拼命地逃离房屋，往大街上乱窜，动物园里的动物也莫名其妙地横冲直撞。据有关报纸称，1999年8月在土耳其发生大地震之后，地震严重的灾区平时人人喊打的老鼠一下子身价百倍，很多惊恐不安的灾民之所以想在家里养一只老鼠，原因很简单，因为他们发现地震来临之前，老鼠总是先有异常的表现。

动物的主人在大祸来临时，可能会影响动物的超自然感觉。反过来，也可能影响动物的主人。曾担任加拿大总理22年的麦肯齐·金就曾预感到他自己十分喜欢的爱犬帕特要大祸临头。有一次，总理的手表突然掉在地上，时针和分针在4点20分停住了。这位总理说："我不是个通灵的人，不过我当时就知道，仿佛有个声音在告诉我说，帕特在24小时内就要死了。"第二天晚上，帕特爬到它主人的床上，躺在那里静静地死去了，时间恰好是4点20分。

动物的超常感应，引起了世界各国的科学家的重视，并作了大量的研究科学。科学家们发现，某些动物确实具有一些非常奇特的感觉本能，并能以独特的方式利用人类具有的五种感觉本能，而还有一些动物的某些感官功能是我们人类完全没有的。另外，还有一些动物的超常感也是我们现在还没能完全了解到的。1965年，荷兰的动物行为学家延伯尔根在他著的书中写道："许多动物的非凡本能以特殊生理作用为基础，至今，我们还没有了解这些作用，因而，才把这些本能叫做'超感知觉'。"

动物世界有着许许多多我们未知的领域，在这些领域里，充满神奇和奥秘。即使今天的动物学研究已经有了很大的发展，但动物的超常感本能的奥秘仍然是我们所不了解的。

动物预报地震之谜

　　地震是最惨烈的自然灾害之一，直到今天人类还没有找到能完全预报地震的有效办法。但人们发现，大地震发生之前，许多动物往往有异常反应。

　　地震前的地声现象是众所周知的事实。经过实验研究和现场观测发现，这些声音是由于震源区岩石破裂而发出的。所发出声音的频率不仅有20～20000赫兹的人类可以听到的声音，也有20000赫兹以上的超声波和20赫兹以下的次声波。人耳对超声波和次声波的作用是毫无反应的，但有些动物对它们的反应相当灵敏。例如，鱼类对1～20赫兹的次声波就能感觉到。而在地震前，金鱼惊慌不安，发出尖叫声，甚至跳出鱼缸，可能都与震源发出的次声波或超声波有关。

　　地光也是地震的一种前兆现象。地光耀眼夺目，五彩缤纷，它对动物很可能是有刺激的。鸟类的视神经特别发达，善于远视，而且它们对从未见过的色彩特别恐惧。鸟类的异常反应，在震前是很普遍的，很可能与地光有关。

　　动物能够预先感知地震，这是事实。但是，动物的异常反应并不都是地震引起的，也可能是由于天气变化、季节更替、生活环境的改变、饲养不当、受到惊吓或者其他一些生理变化引起的。因此对于动物与地震关系的研究，现在仍处于探索阶段，虽然发现了其中的一些因果联系，但距离把其中的奥秘完全搞清楚还差得很远。

 动物的思维之谜

　　动物能代替人做很多事情，有的需要经过训练，有的则是本能，那么这些动物是有思维的吗？也有些动物在它们自己的行为中，有让人不解的现象，如果不从思维方面理解，就不好解释。但思维毕竟是看不见摸不着的东西，所以谁也说不清。

　　在动物与人类共存的过程中，除了人类有思维外，动物是否有思维的问题，一直是动物学者们探讨和争论的热点。

　　说动物没有思维，但在实践上，很多动物的行为表现好像受到大脑的指挥。比如马戏团里的狗、鹦鹉、马、黑猩猩等为观众表演节目，会像演员一样表演得准确无误。骑兵在打仗受伤落马后，他的战马并不弃他而去，而是在他的主人身边转来转去，好似在想办法救它的主人。有一家人养了一只猫，它会记住主人上班的时间，每天早晨一到这个时间，它都会把主人弄醒。因此，他的主人说自从有了这只猫他没有迟到过。还有信鸽会送信，大鹅会看家等。

　　这些家畜家禽同人接触多，受过训练，可在野生动物中，有的动物根本未受过训练，但它们的行为表现好像是通过大脑思维

△ 大象

后才做出的。比如海豚搭救遇难的船员，它们为什么要救船员？没有经过思索能办到吗？

再如大象群如果有同伴死了，它们会集体为它"葬死"，它们先挖坑，然后将死象埋葬。象的复仇心很强。有一家动物园里的雄性大象因不听话而被主人打过。它记恨在心，伺机复仇。有一天机会终于来了，它拉了一堆粪便，主人看见后即拿扫帚、簸箕进去为它打扫，它趁机用长鼻将主人顶死。非洲的一只小象亲眼看到它的母亲被猎人杀死后，它被捕捉后卖到马戏团里当了"演员"。以后它渐渐地长大了，但杀害母亲的仇人它一直没忘。它利用每场演出绕场的机会巡视着观众。有一天，当它绕场时终于发现了那个仇人，便不顾一切地冲到观众席上，用长鼻将仇人卷起摔死在地上。

北京动物园的一匹雄野马，有一天看到饲养员打破以往先喂它的惯例，先去喂隔壁的野驴时它即刻发怒了，用它那有力的蹄子踢门，示意饲养员先喂它才对。当饲养员过来喂它时，它又踢又咬。野马的所作所为是否有过简单的思维呢？

一只海鸥会帮管理人员拦挡游客免进禁地。有人看到猫头鹰在找不到树洞做窝时，会趁喜鹊不在时偷偷占据树洞归己所有。

总之在动物界中，有很多动物行为接近于人类。它们是否有思维，尚待科学家进一步去研究。

动物的"电子战"之谜

蝙蝠的前肢和后腿之间，长着薄薄的、没有毛的翼膜，好像鸟儿的翅膀。它是一种能飞的野兽，能像鸟儿那样在空中飞行，成为哺乳动物中的飞将军。傍晚来临，蝙蝠就在空中盘旋，边飞边捕捉蚊子、蛾子等食物。

蝙蝠能在夜间捕食，难道它有一双明察秋毫的夜视眼吗？

早在270多年前，意大利科学家潘兰察尼就进行过下面实验：

把一只蝙蝠的眼睛弄瞎后，他把它放到一间拉了许多铁丝的玻璃房子里。令人惊奇的是，这只已经失明的蝙蝠仍能够绕过铁丝，准确地捉到昆虫。

"看起来，蝙蝠并不是靠眼睛捕食的。也许是它的嗅觉在起作用。"潘兰·察尼这样下结论说。随后，他又破坏了蝙蝠的嗅觉器官。但这只蝙蝠像什么事情也没发生一样，照样准确地捕捉食物。他又在蝙蝠身上涂了厚厚的一层油漆，蝙蝠还是照飞不误。

难道是蝙蝠的听觉在起作用吗？潘兰·察尼又把一只蝙蝠的耳朵塞住，再把它放进玻璃房子的时候，"飞将军"终于无计可施了，只见它东飞西窜，不是碰壁，就是撞到铁丝上，就再也捉不到小虫子了。看来，是声音帮助蝙蝠辨方向和寻找食物。但到底是什么声音，这位意大利科学家一直没有研究出来结果。

后来科学家揭开了这个奥秘。原来蝙蝠的喉咙能发出很强的超声波，通过它的嘴巴和鼻孔向外发射。当遇到物体的时候，超声波便被反射回来，蝙蝠的耳朵一旦听到回声，就能判明物体的距离和大小。

科学家把蝙蝠这种根据回声探测物体的方式，叫做"回声定位"。

蝙蝠飞将军的回声定位器就像一部"活雷达"。它分辨本领极高，能把昆虫反射回来的声信号与树木、地表的声信号区分开，并准确无误地辨别出是食物还是障碍物。更让蝙蝠自豪的是，这部"活雷达"的抗干扰能力还特

△ 蝙蝠

强。即便干扰噪声比它发出的超声波强100倍，它也仍然能有效工作，引导蝙蝠在黑夜中准确捕食害虫。

有矛就有盾，蝙蝠有"活雷达"，一些夜蛾就利用高超的"反雷达装置"来对付它。因此，双方就展开了一场动物世界的"电子对抗"战。

夜蛾是一种在夜间活动的昆虫，喜欢围绕着亮光飞舞。别看它们是些小飞虫，身上却带有探测超声波的特殊"装置"。动物学家们发现，有一些夜蛾的胸、腹之间有一个鼓膜器，这是一种专门截听蝙蝠超声"雷达波"的器官。

有了这个"反雷达装置"，夜蛾可以发现距离它6米高、30米远的蝙蝠。在截听到蝙蝠的探测"雷达波"之后，假如蝙蝠离它还有30米远，就转身逃之夭夭；如果蝙蝠就要飞过来，夜蛾身上的鼓膜器就告诉它大祸临头，夜蛾便当机立断，连续改变飞行方向，在夜空中翻跟斗、兜圈子，或者干脆收起翅膀落在树枝、地面上装死，并想尽办法让蝙蝠找不到它的位置。

更令人惊奇的是，在有些夜蛾的足关节上，还装备有"电子干扰装置"。这是一种特殊的振动器，能发出一连串的"咳咳"声，用于干扰蝙蝠的超声波，使它不能确定目标。有些夜蛾的反"雷达"战术更高明，因为它们全身都是"反雷达"装置。

在这场特殊的动物"电子战"中，虽然蝙蝠飞将军有一整套"电子进攻"手段，但在夜蛾巧妙的"电子防御"措施面前，也只得甘拜下风。

夜蛾小巧精良的"电子对抗"装备，继而引起科学家们的注意。他们要研究夜蛾是如何发射超声波以及它的绒毛是如何吸收超声波的。假如这些自然之谜被彻底揭开，应用到军事技术上，就能发挥出意想不到的防卫和攻击能力，来夺取未来战争的胜利。

动物的报复行为之谜

动物会报复吗？回答是肯定的；并且动物的报复手段多种多样。

在我国四川省的峨眉山，有一群活蹦乱跳的野生猴子。它们虽然给人带来乐趣。可谁要是伤害了它，它就记在心里，找机会报复。有一天，一个小伙子抓着一把花生逗猴玩儿，他一边逗一边说："来啊，来吃啊！"一只猴子连跳了几下，小伙子却一颗花生也没有给它。猴子急了，猛地跳上去，抓破了小伙子的手，花生也随即撒了一地，逗得旁边的人哈哈大笑。小伙子恼羞成怒，顺手抄起一根木拐杖，向正在吃花生的那只猴子横扫过去。猴子被打得"吱吱"乱叫，拖着受伤的腿逃进了树林。

第二年，那个打猴的小伙子又来了。当走到仙峰寺的时候，看到路中间坐着一只猴子，这只猴子就是去年被小伙子打伤的，它一眼就认出了仇人，赶忙一跛一跛地躲在一边。当小伙子从它旁边走过的时候，跛猴冷不防扑了上去，狠狠地咬了小伙子一口，小伙子的腿肚子被咬得鲜血直流。等他转身看时，那只猴子已经上了树，正向他做鬼脸呢。小伙子这才恍然大悟，原来猴子是来报复他的。

在重庆动物园里，曾有一只金丝猴王，好像它认为自己血统高贵，脾气暴躁，所以动不动就咬伤饲养员。有一次饲养员送食物慢了点儿，猴王就跑过来抓破了饲养员的手。为了惩罚它，饲养员就拿起竹条，在它的屁股上狠狠抽了几下，猴王觉得丢了面子，就把这件事记在心里。几天后，这位饲养员调走了。半年后他回到动物园看望饲养过的金丝猴。没想到的事居然发生了，猴王从人群里认出了打过它的饲养员，想报复又找不到东西，就拉下一个粪团，向饲养员头上狠命扔去。猴粪顿时弄了他一脸，叫人真是哭笑不得，金丝猴王却得意极了。

在美丽的云南西双版纳，经常有野生大象出没，它们是我国珍奇保护动物。一天，一个猎人发现一只正在河边饮水的鹿，就举起猎枪瞄准，就在他刚要开枪时，突然传来一声怒吼，吓得他魂飞魄散。回头看时，只见一头大象正向他走来。猎人认出来了，自己前几天用枪打过这只象，但是没打中，它这是复仇来了。于是猎人慌忙调转枪口向大象射击，又没有打中。大象愤怒地向他飞奔过来，猎人转身跑时，被野藤绊了个跟头，手里的猎枪也给扔了。大象上去一脚就把猎枪踩断了，用鼻子卷起枪来抛得老远。猎人乘机从地上爬起来，没命地逃跑，复仇的大象把猎人逼到了山崖边，穷追不舍，他急忙抓住一根粗藤，想爬上陡崖逃命。大象扬起鼻子，把猎人卷了起来，使劲抛出去，随着一声惨叫，猎人被摔死在悬崖底下。

在西双版纳有一个村子叫刮风寨，寨子有一条小河。有一天，一只母象带着一只小象到这条河里洗澡。见到水，小象特别高兴，撒起欢来。当大象母子玩得正开心时，寨子里的几个猎人发现了，端起猎枪就打，小象刚爬上河岸，就被打倒了。母象哞叫着跑上岸来，用鼻子抚摸着小象的伤口，悲愤极了。它一会儿又跑又跳，狂怒起来，高声咆哮着，一会儿又用鼻子把小象拱倒，直到筋疲力尽，才依依不舍离开小象，一步一回头地向密林深处走去。

两天后，这只母象带着十几头大象复仇来了，象群冲进刮风寨的时候，寨子里的青壮年人都到山上干活去了。留在家里的老人和孩子只好四处逃命。大象并不追赶，却把寨子里的竹楼拱了个天翻地覆，然后大摇大摆地又走进森林。

在印度，也曾发生过此类事情。有一群经过驯化的大象驮运货物进城，卸下货物后，其中一只大象在路边散步。当路过

△ 动物报复的手段多种多样

一家裁缝店时，一名工人随手扎了象鼻子一下，大象急忙缩回鼻子走了。没想到几个月以后，这只大象又来了，它在街心喷水池吸足了一鼻子水，来到这家裁缝店窗前，把那个缝纫工人喷成了个落汤鸡，随后扬长而去。

在印度，还发生过豹子报复猎人的事件。居住在卡查尔大森林的一个猎人，在上山打猎时，杀死了两只还在吃奶的小豹子。这下可激怒了母豹，它偷偷地跟在猎人后边，默默记住他的住处，等待机会报复。两天后，这个猎人的妻子到靠近森林的田里干活，还带着两岁的儿子。正当猎人妻子低头干活的时候，突然听到孩子的呼叫声。抬头一看，只见一只豹子叼着她的孩子，飞快地向森林跑去，她拼命地去追，也没追上。

三年过去了，那个猎人在山上打死了一只母豹，在豹穴里有两只幼豹和一个活着的男孩。这个"豹孩"就是他三年前被母豹抢走的儿子。

在动物世界里，野牛的报复心理也很强。在非洲肯尼亚，有个土尔坎族名叫阿别亚的居民，他刚学会使用猎枪就去打猎。一天，他躲在山坡的灌木林里击中了一头野牛的肚子。受伤的野牛逃走了，阿别亚在后面紧紧追赶，但野牛还是躲进了森林。阿别亚不死心，就沿着野牛的血迹跟踪，边追边看地上的血迹，有时看不清楚，他就弯下腰在地上仔细寻找。这时，受伤的野牛找到复仇的机会，从背后冲了过来，阿别亚还没来得及直起腰来，就被撞倒在地，野牛用头死死顶着他，直到把他顶死才罢休。

在沙特阿拉伯，有个油坊老板养了一头老骆驼。一次，老板因为做生意赔了本钱，满肚子怨气，回家后就用鞭子抽打骆驼撒气。几个月后的一天夜里，那头挨打的骆驼走出骆驼棚，悄悄来到主人的帐篷外，突然冲进帐篷，向主人的床铺扑去，当时幸好油坊老板不在家。老骆驼好像愤怒极了，就把主人的被子撕咬成碎片，还不解气，又把主人用的餐具踏得粉碎，才心满意足地走了。

动物的报复心理是怎样产生的，它们的报复行为又怎么解释呢？现在还没有一个圆满的解释。只有一点，应该是明确的，那就是动物是人类的朋友，请保护动物。

动物记忆力之谜

　　动物是否有记忆力？这是长期以来颇具争议的问题，因为我们一直以为记忆是人类独有的功能。然而，一系列的事实又证明某些动物确实有惊人的记忆力，且不说较高等的动物如海豚、黑猩猩等，即使是较低等的动物如老鼠、螃蟹、海龟、蟾蜍、乌鸦、山雀等也都具有记忆力。比如，老鼠能走出迷宫；海龟、蟹群、蟾蜍能准确无误地重复前辈的路线去产卵；而具有贮藏食物本能的山雀和乌鸦，总能准确地找回自己很久以前埋藏的食物。如何解释这种现象呢，是先天的本能还是后天的记忆，是参照了环境的特点，还是根据气味信息？

　　很显然，单用"本能行为"或"条件反射"的含糊解释，是不能完全回答上述问题的。动物中确实存在记忆力的问题，为了揭示其中的奥秘，科学家们做了大量的实验和研究，并已找到了某些动物的记忆基础，如海龟的记忆基础是气味；蟹群的记忆基础是行星与地磁的位置；而乌鸦的记忆力是借助于贮藏区的地貌特点。然而，仍有一些动物的记忆基础令人迷惑不解。

　　例如蟾蜍，为了繁殖，在冬眠以后会集体向池塘进发，有时这一征途竟有几百米之远。令人不可思议的是，如果蟾蜍在进发途中遇到了其他池塘，那蟾蜍并不会就近跳入这些池塘中产卵繁殖下一代，它们会向特定的池塘艰难爬去。事实证明，这是它们几代共同的产卵的地方。最初人们推测，蟾蜍的记忆基础也与气味或行星和地磁有关，然而日本早稻田大学石居进教授的实验却否定了这一推测。石居进将临产蟾蜍放在繁殖池塘对面稍远的地方，则蟾蜍再也不会返身向此池塘行进，它们会迷失方向，这是为何？至今还是个谜，有待今后的进一步研究。

　　为了揭开英国沼泽山雀记忆的奥秘，人们做了一系列的科学实验：

△ 山雀

在一座大房子里放置了12根树枝，每根树枝上都钻了一些大小正好容纳一颗大麻籽的小洞，总数为一百个，每个洞中塞着一块小布团，鸟儿为了贮藏或者寻找大麻籽，必需首先叼走塞着的布团。

第一个实验是让一只山雀从房间中央地板上的一个碗内叼12颗大麻籽去贮藏。由于受洞的大小限制，每颗种子都必须藏在不同的洞中。等大麻籽藏好，就把山雀关到房外，过两个半小时，再放进来，让它寻找贮藏着的大麻籽。大家清楚，如果这种寻找完全是盲目的话，那么就需要大约搜索8个洞才能找到一颗种子。而实际上，山雀只探查24个洞，便找到了其中的10颗种子，即平均2.4次就有一次命中的机会，可见这远非机遇类假设所能解释的。

有人推测，这可能与气味有关，于是又设计了第二个实验。这一次在同样的树枝上，首先让山雀把13颗种子贮藏起来，随后又把种子转移到别的洞中，然后让沼泽山雀进来寻找。在他探索的24个洞穴中，其中11个现在已成为空洞，如果以实际找到的种子而论，这一次总共只有4颗，即平均每搜寻6个洞才得到一颗，和机遇的概率颇为接近，由此可见沼泽山雀的确不是依气味探寻贮藏物。为了进一步验证鸟类是凭记忆力贮藏食物，人们又设计了第三个实验。

这一次首先让山雀贮藏好第一批种子，然后相隔两个小时，再放进房间里，让它贮藏第二批种子。如果沼泽山雀记住了哪些洞里已经装有种子，那么在贮藏第二批时，就会避开那些已经装着种子的洞穴，如果记忆不起作用，而仅仅凭偏爱或随机地寻找洞穴，那么就会出现重复事故。

可是鸟儿在贮藏第二批种子时，几乎从不去探寻已经贮藏着种子的树洞。它的确记忆了哪些洞是已经藏有食物的，哪些洞是还没有利用的。

但沼泽山雀的记忆基础究竟是什么，还有待于进一步探寻。

目前，动物的记忆力已成为各国科学家感兴趣的研究课题。研究对象也扩大到蜘蛛、章鱼、马、银粉蛇、蜜蜂、乌鸦等。

科学家们发现，动物的记性与存在于脑中的核糖核酸、乙酸乙酯等物质有关。这种核糖核酸可以抽取注射，因此动物的记忆力也可以转移。世界著名的神经化学家乔治·昂加尔认为，动物的记忆力是一种具有化学特性，由细小的蛋白质分子有序排列组合而成。他通过训练大白鼠的实验证明，大白鼠受电击时发生的恐怖情绪使之产生记忆，然后把这种恐怖记忆物质抽取出来，又注射到另一只大白鼠身上，它不经电击就产生出那种恐怖的情绪，说明前者的记忆力已被后者继承了。

综上所述，有关动物记忆力还有许多未解之谜有待于我们去寻找答案。

海鸥的生死相随之谜

曾有一个发生在小岛上的海鸥被枪杀的故事，那个小岛是一座四面环海的孤岛。几年前，一个地质考察队来到了这里，在这之前，没有人知道海鸥是什么时候来到这里的，人们只知道小岛上的海鸥很美很大。

其实小岛上的海鸥又叫银鸥，展翅飞行时，两翅宽度可达1米左右，是国内32种海鸥中最大的一种。一般海鸥羽毛大多是银灰色，而银鸥通身羽毛都是雪白的，锋利的嘴巴由红、橙、黑、黄4色组成，像美丽的宝石镶嵌在白色羽毛环绕的头部。它们每天都在不停地飞翔，因此体力消耗也就特别大，身上没有一点多余的脂肪，所以姿容十分俊美。刘长卿在《弄白鸥歌》中："泛泛江上鸥，毛衣皓如雪，朝飞潇湘水，夜宿洞庭月"的诗句，描述的就是银鸥。

小岛远离陆地，一年四季都很少有人登岛，岛上也很少有海鸥的天敌出现，海鸥就自由自在地在岛上生息繁衍着。除了正午歇息一会儿，它们整天都在周围的渔场上空盘旋，它们的眼睛很尖，每时每刻侦察着鱼群的动向，一旦发现目标，便像飞机一样俯冲而下，用弯钩般的嘴猎取小鱼。如果捕空的话，它就会穷追不舍地钻进水里，直到捉住猎物为止。有时它们也跟在过往的船只后面寻找食物，水手们对它们都很友好。

当地人把小岛上的海鸥，叫做海陆空"司空"。只要登岛就可以看到，从空中落下来的几只海鸥，开始还在海滩上疾步行走，不一会儿就钻到了水里，把尾巴翘起来，像鸭子一样拼命地划水，原来在海鸥的前三趾上有蹼。一次，小岛被浓雾笼罩着，正好有一艘轮船从这里路过，船上的人都知道附近有一座小岛，可雾太大什么也看不清。为了以防万一，只好减速行驶。正在水手们迟疑的时候，附近传来了一阵阵海鸥的鸣叫声。船上人喜出望外，

△ 海鸥

因为海鸥常常在海上礁石附近成群结队地飞翔鸣叫，循声就可以判断出礁石或者岛屿的大概位置，避免触礁的危险。在海鸥的帮助下，那艘轮船顺利地绕过了小岛驶向远方。

每年4～8月份，是岛上海鸥最繁忙的季节，它们用海藻、枯草、羽毛、贝壳等东西筑巢，雌海鸥便在里面产卵。那场海鸥被枪杀的悲剧就发生在这个季节。当时有一个考察队员，听说海鸥卵颜色多变十分好看，就攀到悬崖上想掏几只看看，无意间捉住了一只小海鸥。谁知小海鸥的叫声惊动了其他的海鸥，海鸥便成群结队地赶来营救。

当时，那个考察队员刚刚落到地面，头顶上已聚集了成千上万只海鸥在飞旋、鸣叫、展开攻击。以群居方式生活的海鸥，在遭到侵袭的时候，会团结一致共同对敌。他们的攻击方式非常独特，轮流往那个队员的身上排屎，命中率几乎达到100%。一会儿工夫，那个队员全身就被臭气熏天的海鸥屎涂成了白色，而且海鸥还在铺天盖地地从四面八方向他云集。情急之中，那个队员向空中开了一枪。枪声过后，只见一只海鸥在空中挣扎了几下落到了海里，当时还没有死，这时突然从海鸥群里飞出另一只海鸥，急速落在那只受伤的海鸥身旁，它紧紧挨着受伤的海鸥，并排漂浮在海面上，随波而去。所有在场的人都被眼前的情形震惊了，谁也没想到海鸥对爱情竟会这样至死不渝，那个开枪的考察队员更是后悔莫及。

太阳开始落山了，那对海鸥也渐渐在远处水天一色的海面沉没了。但海鸥为何会生死相随，也成了人们要研究的问题。

神奇的双头蛇之谜

有关双头蛇的传说，已有1000多年的历史。卡顿的军队似乎在非洲沙漠地带行进时遇见过这种双头蛇。早期的生物学家曾对这种奇异可怕的生物作过详述。在学术著作中，这种双头蛇被称作"蚓蜥"。然而，从那以后的历代科学家再也没有发现过第二条双头蛇。因此，科学家们把这种双头两栖动物宣布为人的臆造产物。但是不久前，有资料表明：双头蛇确实存在。

有一次，一个民族学家旅游考察队去北非活动，想顺便考察一下当地民族的风俗礼仪和宗教生活方式。旅行考察队在热带丛林中的一个偏僻的村寨有了意想不到的收获。问题是，当地的土著族把蛇崇拜为活的护身符——这在非洲并非罕见。然而，这个村寨却与众不同：在寨子里土著人眼中，活的护身符既不是什么普普通通的蟒蛇，也不是平庸的眼镜蛇，而是一种独一无二的双头蛇。最初，科学家们简直不敢相信自己的眼睛，后来，他们真的意外地看到了那种具有传奇色彩的双头蛇。

这时，考察队员们为首次看到这种稀世珍宝而激动不已，渴望高价买下或央求得到它。于是，他们慢慢凑上前去，对双头蛇进行仔细的观察和研究。然而，这些土著人对他们的这种愿望觉得可笑。这对，土著族的首领站出来宣布：第一，双头蛇是一种千古罕见的举世宠物，不准触摸；第二，它是目前世界上独一无二的双头蛇；第三，只能在远处观望，不准靠近——这对你们来说已是很大的幸运了，因为到目前为止，还没有一个白人能来这里一饱眼福，先睹为快。这样一来，旅游考察队的科学家们只好站在远处观看这久闻未见的珍稀生物。他们拿出远焦距摄像机，拍下这珍贵的镜头。

旅游考察队领队伊·尤珍博士抱怨说："这些土著人太不通情达理了。我们想用手指轻轻地摸一摸双头蛇都不准。结果，眼下只搞清了这种双头蛇有剧毒。站在哪个位置都一样，反正，它的两个脑袋都会咬人。"

从外表看，这种双头蛇很像响尾蛇，只是身体的大小像蟒蛇。它主要靠猎食各种小动物为生，但它最爱吃的食物就是禽类动物。然而，眼下还尚未搞清，双头蛇以何种方式排泄生命活动所产生的废物。它的两个头都具有较强的工作能力，它无论朝哪个方向爬行运动，都同样轻松自如。这个土著人的村寨所做的一切都是为了这条双头蛇。

这些土著人的信念是：假如他们的双头蛇死了，一切灾难就会降临到他们头上，他们同双头蛇共存亡。因此，这里的土著人精心喂养和照料双头蛇，像爱护眼珠一样地爱护它。然而，双头蛇自己也似乎意识到它在这些土著人的生活中起到什么样的作用。它有时让自己发一阵子脾气，变得"暴跳如雷"，有时，爬到照料它的主人跟前撒起娇来，讨好地"咬"他一口。

有关这种双头蛇的来历目前存在两种理论：一种理论认为，实际上，这种剧毒双头蛇是客观存在的，而且迄今仍然存在，由于它发育不全，整体存在严重的生理缺陷，因此物种繁衍受阻，所以变得珍贵罕见；另一种理论则认为，双头蛇自己长有两个脑袋，感到相貌丑陋为世人所罕见，故而变得十分腼腆，不愿与世人见面，所以躲到人迹罕至的神秘地带。

双头蛇的传说流传1000多年来，唯一可靠的消息来源就是一个叫普利涅的早期学者对这种双头蛇所作的描述，而且只有少数见证人读到过它。生物学家认为，在生物学分类上，这种双头蛇又叫"非洲蚓蜥"，它是一类最普通的突变种动物。

生态学家斯·罗伊认为，当今人类如此破坏地球的生态环境，我们对出现类似的突变种异常现象并不感到惊讶，因为很快又要出现长着3个长鼻子的大象和没有尾巴的袋鼠。

目前，专家们正在围绕这个新发现并得到证实的双头蛇展开争论，并提出许多新思想、新观点、新假说……然而，那条双头蛇正在定期为"抚养"的"衣食父母"——那个山寨的土著人呼风唤雨，以帮助他们解脱旱灾之苦——这里的土著族首领至少是这样认为的。

善于思考的狒狒之谜

  位于赤道附近的非洲是一块美丽而又充满神奇的土地，它不仅拥有神秘的撒哈拉大沙漠，更拥有无数种珍奇的野生动物，因此，它又被称为野生动物的乐园。狒狒，这种与我们人类非常接近的灵长类动物，就是其中的一员。

  狒狒大都有一张黑脸和一个突出的额头，鼻子的上方有两只挨得很近的小眼睛。它们的这副模样，在野生动物中实在是算不上英俊，不过，它们可是金玉其内呢。科学家们的最新研究表明，狒狒是野生动物中唯一一种具有类似于人类思维的动物。尤其是当它们一声不响，低头沉思的时候，那样子极像哲学家。也许正是因为它们具有这种聪明样，所以我们在看马戏团的表演时，常常可以看见它们算算术的场面。

  狒狒们通常有它们自己的王国，在一个狒狒王国里，常常会由一只身体强壮的雄狒狒来充当"国王"，其他的狒狒们都得服从它的领导。当众多的狒狒从"国王"身边经过时，都要表现出顺从的样子，否则就会受到严厉的惩罚。休息和进食时，"国王"要坐在中间；行进时，"国王"要在队前领路，雌狒狒和年轻的狒狒跟在后面，幼狒狒和怀孕的母狒狒夹在中间，最后由强壮的雄狒狒收尾压阵。一旦遇上敌人，它们就抓起地上的石头投过去。有趣的是它们从来不会用石头袭击自己的同类，哪怕是在狂怒的时候，它们也只会从地上抓起石头抛向空中，而绝不投到自己的同类身上。

  为了寻找食物，狒狒们每天都过着游荡的生活，走到哪里就以哪里为家。为了躲避肉食性动物夜晚的袭击，狒狒会睡在峭壁或相思树之类的树上。

  虽然如此，但还是有不少大型动物会对狒狒构成威胁。比如，号称狒狒的头号敌人的狮子往往就会在水源处等候着狒狒的到来，趁它们饮水时饱餐一顿。因此，每次饮水时，狒狒们都会预先做好周密的计划，遇到狮群入侵，它们还会高声叫喊发出报警声，使整个群体立刻四散奔逃，窜往树上。

一旦遇上狮子扑来，"国王"就会同敌人进行顽强的搏斗，所有体力强大的雄狒狒也会马上联合起来进行战斗，这些雄狒狒们个个都是凶猛、顽强的"战士"，它们用锐利的犬齿去攻击"敌人"。其他的狒狒们也不袖手旁观，它们一齐大声吼叫助威并向敌人投掷石块。在齐心协力、团结战斗的狒狒们面前，狮子只得狼狈逃去。

在狒狒群中，最大的喜事莫过于添了新生的小狒狒了。只要是有一个小狒狒诞生，整个狒狒群都会欣喜若狂，纷纷挤到新生"婴儿"的周围争着瞧。可是狒狒家族多年来形成了一条不成文的"家规"，那就是"只准瞧，不准摸"，只有做"妈妈"的狒狒才能抚摸新生"婴儿"。不过，其他的狒狒们则可以通过抚摸母狒狒，来表示对这位母亲的慰问和尊敬。

跟我们人类一样，母狒狒也非常宠爱自己的孩子。刚生下的"孩子"，它们会整天把它抱在怀里，不让其离开半步。十多天后，小狒狒们能够从母亲身边悄悄跑开，但不多一会儿，母亲就要召见回来，唯恐走失。时间再长一些，小狒狒就可以下地抓着母亲的尾巴嬉戏了。有趣的是，在狒狒王国中也有"幼儿园"。原来，小狒狒断奶后，如果它们的母亲有事要外出，便会把它们交给一个年长的狒狒来统一照管。在这个"幼儿园"里，狒狒"阿姨"对这些小狒狒们照料得十分周到，不让它们乱跑，还对它们进行爬树、丢石头等各种游戏的训练。

在野生动物世界里，雄性动物照顾幼仔的现象比较少见，但狒狒们例外。雄狒狒们比较有责任心，做父亲的狒狒对孩子们的照顾无微不至。它们理毛发，发生争斗时还会对它们进行调解等。更有意思的是，狒狒还把自己的孩子与别人的孩子区分开来。即使自己的孩子跟别人的孩子长得也能够根据自己的一套方法把孩子给认出来。

除了这些，狒狒们还在其他许多方面体现出了自己的智慧，所以称狒狒们为哲学家是毫不为过的。

被奉为"国宝"的大熊猫之谜

说起大熊猫，它的身份可不是那么简单，不但是我国特有的珍稀动物，还被世界野生动物协会选为会标，在世界上的名望非常高，而且还常常担负起"和平大使"的任务，带着中国人民的友谊，远渡重洋，到国外攀亲结友，深受各国人民的欢迎。

身穿黑白相间的衣物，长着一副憨态可爱的模样，体胖得像熊，脸面却长得似猫，头和身躯都呈乳白色，四肢和肩膀又是黑色的，头上长着一对整齐的黑耳朵，尤其是那一对八字形黑眼圈，犹如戴着一副墨镜，给人一种学问高深的感觉，非常惹人喜爱。大熊猫数量十分稀少，属于国家一类保护动物，被称为"国宝"。

大熊猫的祖先比我们人类还要古老，300万年前，它们曾经与剑齿虎等史前动物一起徜徉在没有人类的大地上，遍布我国的陕西、山西和北京等地区，在云南、四川、浙江、福建、台湾等省也有它们的痕迹，但到现在留下来的数量很少，成为科学家研究生物进化的珍贵的"活化石"。那时候的它们，肯定是过着"丰衣足食"的生活，而且生活得非常自由自在。但是后来，当地球经历了冰河时期后，随着地理环境、气候、植被等条件的变化，尤其是人类发展和活动范围不断扩大，加上大熊猫的食物的高度特殊化、繁殖率低和抵御天敌的能力较弱等因素，就导致大熊猫家族的数量急剧减少。

大熊猫的眼球实际上是非常小的，而且印堂狭窄，视力不好，瞳孔像猫一样是纵裂的，这意味着它们像猫一样能够在晚上活动——它们的眼睛在晚上对光的变化有调节能力，这是它们长期以来对深山竹丛的适应。但它们的嗅觉补充了它们的不足，相对视觉来说非常灵敏，而且还是一种无声的语言，他们懂得用自己的气味作为标记划分地盘；到了春季求爱婚配的发情

△ 大熊猫

期，气味可以帮助它们彼此交流信息和感情；晚上觅食的时候，它们完全是靠鼻子来判断食物的可口与否，而不是靠眼睛。

大熊猫曾经生活在中国南方的广大地区，如今它们主要分布在我国的四川、甘肃、陕西省的个别崇山峻岭地区，退缩到了狭窄而偏僻的深山老林里，过起了隐居的生活，所以它们还有"竹林隐士"的雅号。在没有外来因素干扰的情况下，大熊猫的一切活动都很缓慢，只有被追赶时，他们才会加快速度逃跑。大熊猫还能上树，当被敌害追得无法逃脱时，它们就会爬到树上躲避然险。

大熊猫也是一种非常聪明的动物，它也能够模仿许多人类所做出的动作。它们能够像人一样站起来，而且喜欢直立起来玩耍，有时它们会把前肢抱在肩上，好像是小孩子在跳舞，有时候则会蹲蹲石头，有时候还会躺在地上滚来滚去，还会用爪子剔牙。

在地下来去如梭的穿山甲之谜

穿山甲，顾名思义：一是有挖穴打洞的本领；二是它们的形态非常古怪，浑身披挂着褐色非常坚硬的角质鳞片，犹如古代将士作战时所穿的盔甲，重叠而能竖立，从而对它们的身体起到了很好的保护作用。可这些鳞片却与鱼类的鳞片不一样，是由体毛凝集而成的，鳞片之间还有少量的稀毛。

穿山甲的头也长得特别有个性，既不是圆形，也不是椭圆形，而是一种圆锥形。它的眼睛和鼻孔都很小，耳朵退化，口细小如笔管；口内无牙齿，舌头最特别，前扁后圆，几乎有身体的一半长，善于自由伸缩，舌头上有很多黏液；四肢具有坚强锐利的弯爪。

别看穿山甲长得不怎么样，可是它的本领却不小，特别是它那善于打洞的本领。掘洞时，它先以尾尖插入土中来固定住自己的身体，然后用前肢的利爪掘土，并将松土送至腹下，张开身体两侧宽大的鳞片将土围拢，再由后肢把鳞片间的泥土推出洞外，其间还不时地扭转身体，挖掘洞道两侧和上方的泥土，使洞道始终保持圆形。如此周而复始，就宛如是一台凿洞穿山的机器，穿山甲的名字也就由此而来。由于穿山甲挖洞的速度很快，每小时可以掘进2～3米，人们又送给它们一个"优秀的工程兵"的称号。

一般只有在海拔1500～1850米的范围内，或者是低海拔地区才能找到穿山甲的踪迹。它们平常不会到平原或农田较多的地方活动，活动大都选择在半山区，大多喜欢在山麓地带的草丛中或丘陵山地的灌木丛、杂树林和草丛等较潮湿的地方挖穴而居。它们的住所很不固定，对所住的地方也比较挑剔，常会随着季节和食物的变化而随时搬家。天气开始变冷的时候，它们会把穴洞迁到背风向阳的山坡上，等天气热了，又会把穴洞搬到较高的山坡上。

穿山甲白天极少活动，蜷缩于洞内睡觉，夜晚外出觅食，活动范围可达

△ 穿山甲

5～6千米之远。发情期的雄兽活动范围更大，常翻山越岭、涉涧渡河，寻找配偶。穿山甲的性情孤僻，除繁殖季节交配时公母在一起同居外，一般均为异居、独居生活。

穿山甲以白蚁或蚂蚁为食，食量很大，一只穿山甲一顿要吃250克蚂蚁。穿山甲虽然没有牙齿，但有着细长而柔软的舌头，不仅善于伸缩，而且舌头表面还有黏性。它只要设法把长舌伸入蚁巢中，许多蚂蚁就被粘在舌头上，犹如"糯米团子蘸芝麻"。经过细长舌头的反复"蘸粘"，被粘住的蚂蚁便成为它口中的美味了。

除了食用大量的蚂蚁外，有时候穿山甲也会吃一些蜜蜂和其他昆虫的幼虫。它找到蚁巢时会贪婪地吃，没有找到食物饿上几天也无妨，在寒冷的冬天它甚至可以饿上十多天。有些时候，穿山甲掘到白蚁很多的大蚁巢，一次吃不完，它还会封洞"存粮"，留到第2天或第3天晚上再来取食。

穿山甲能够在自然界生存下来，也并非易事，因为它不像其他动物有自卫的武器，遇到敌害时，不能主动进攻，只能被动地防御。它通常会采用两种办法逃跑：一是由于穿山甲的前肢不能以跖面着地行走，而且中爪特长，相当于后足第三趾爪长的2倍，并呈弯曲形，因而只能爪背着地，在地面上行动十分不便。但是如果时间来得及的话，它会采用掘土的方法逃跑，用它的前肢的锐爪挖洞，其速度不亚于钻探机。二是还有一个御敌自卫的"绝招"，即把身体卷成球状，仅外露坚硬的鳞甲，使强敌奈何不得。假如在斜坡处，这个"球体"就会迅速向下滚动。

装疯卖傻的河马之谜

在动物众多的自然界中，除了体形最大的大象以外，河马就应该是排在第二位的"巨兽"了。河马最喜欢生活在河、湖泊或沼泽的边缘地带，常常会二三十头左右一起群栖，它们以水生植物和芦苇为食。

除了觅食外，河马只有到了需要晒太阳时才会到陆地上来，而它们的皮肤离开水太久就会干裂。为了湿润皮肤，它身上的汗腺分泌出一种非常鲜艳的红色汗液，真可谓"血汗"。非常有趣的是，河马在陆地上常常会按固定的路线行走，在固定的场所排粪，堆积起来的粪堆就是它们各自势力范围的标记，势力范围通常都有数千米宽。

河马虽然外表看起来比较愚笨，但在斗敌的时候却非常聪明，它懂得利用动物弱点来将它们逐一击败。如果在水中与鳄鱼相遇，河马绝不会与它多做纠缠，总是想方设法把它们引到岸上。只要一到岸上，鳄鱼就不是河马的对手了，毕竟它们大多数时候是生活在水中的，不像河马一样可以生活在水中，也适应陆地的生活。河马蛮力强大，只需几个回合，就能一蹄子踢断鳄鱼的脊梁骨。一只成年的河马张开血盆大口，能够把一条成年的鳄鱼咬成两截。

如果在岸上遇到了狮子，河马也绝不会去硬拼，而是把狮子引向河里，因为狮子虽然会游泳，但不是游泳高手。狮子呢，往往不知道这是河马的计谋，就会仗着自己也会游泳，会锲而不舍地追赶河马。一旦到了水中，狮子的威风可就减了大半。经过一番苦斗，再凶狠的狮子也会被河马拖到水底淹死。

除了耍一些小小的计谋之外，河马还有一个绝招，它们甚至会像人一样装疯卖傻。在有猛兽侵犯的时候，河马并不会像其他动物那样有一种非常畏惧的神情，它会依然保持镇定，临危不惧，直到对方快挨近它那庞大的身躯，甚至开始接触到它那厚厚的皮肤时，它才突然闪电般地发起攻击。这种对敌方式掩盖了它体重蠢笨、奔跑速度慢的缺陷，充分发挥了它力大且来势突然的优势。对此，很多平时十分凶猛的动物也往往会防不胜防，转眼之间遭受重创，而且在搏斗时，河马还会竖起那尾巴上那几根坚硬的尾毛，骚扰刺激对手的注意力，甚至会直接伤害到对手的眼睛。

河马的体形虽然庞大，但在自然界中，它们基本上是过着"与世无争"的生活。无需为了生存而整日奔波，四肢和皮毛便自然退化，鼻孔朝天，和眼睛、耳朵同在一个水平线上，在潜水时鼻孔能自行关闭。由于它们一天内有3/4的时间是在水中度过的，所以它的觅食、休息、嬉戏、交配、产仔、哺乳等活动都是在水中进行的。

河马生活在热带的非洲，那里气候相当炎热。它之所以能够在大自然中生存下来，完全是由于适应了非洲地区这种非常燥热的生活环境。同所有的大型动物一样，它们的一大难题是如何让身体保持凉爽，所以，聪明的河马用整天泡在水里的办法来度过非常炎热的日子，从而减少热浪的袭击。它们常常会每隔3～5分钟到水面呼吸一次，最长能潜伏半小时。

除了解热的作用外，河马泡在水里的另一个原因则是它虽然身体粗，样子十分唬人，但它却没有对付敌害的武器。因此在生存过程中，它们不愿意正面与敌人发生冲突，惹不起也就只有躲了，渐渐地也使它们形成了这样一种习性，白天常待在危险较少的水里休息，等到夜幕降临敌害减少时，才爬上岸来吃草，直到天亮之后又回到河中。由此可见，河马泡水的习性并不是天

△ 河马

生的，而是因为天敌和严酷的气候"逼"出来的。

一只重3吨、时速达到30千米的河马是非洲最危险的动物。在它们的生活中有着各种令人惊奇的事情。譬如，虽然它们的大部分时间是在水中生活，实际上它们却不会游泳，只能借助水的浮力才能够敏捷地行走或游动。河马有着憨厚可爱的外表，可这温柔外表下却隐藏着暴躁的习性，它们是装备着1英尺长獠牙的领地守护者。

河马既然可以在动物凶猛的非洲大陆存活到今天，而且性情依然貌似温顺，当然也有它与众不同的生存技巧。虽然它们经常躲避那些凶猛的动物，但是敌人的攻击还是在所难免的，所以只有自制一套克敌制胜的防卫本领，才可以使自己更加安全地生活。

如果不去刻意招惹它，河马通常还是很温驯的。但是，一旦被侵犯，它就会变成一个非常可怕的对手。因此，连号称"兽中之王"的非洲狮子和水域性情凶暴的鳄鱼，不到万不得已的时候，都不敢轻易袭击它们。所以在河马群居的地方，许多自然界的猛兽都会退避三舍。

企鹅趣谈

　　人类从动物进化而来的。按理说，在原来的阵营中总该有一些朋友，至少也应该有一些同路者，彼此之间即使不能相敬如宾，也应该能够和平相处。但是，时至今日，人类似乎大有愈来愈孤立之势，自然界中凡是会飞或者会跑的，见了人无不逃之夭夭，躲之唯恐不远，那情形就跟人见了狼差不多。也许，只有一种动物是例外，那就是企鹅，它们虽然也曾经遭受到人类无情地屠杀，但"防人之心不可无"的信息，至今尚未存储到它们的基因里。

　　与鲸不同的是，企鹅是一种区域性很强的动物，主要集中居住在南极大陆及其周围岛屿。只有一种企鹅随着冷洋流，往北漂泊到了位于赤道附近的加拉帕戈斯群岛，因而被称为加拉帕戈斯企鹅。所有种类的企鹅，都有共同的特点，即白色的前胸、黑亮的背部，恰似穿着一套高级料子的燕尾服，而且走起路来不慌不忙，一摇一摆，一派绅士风度。

　　企鹅的名字是与南极分不开的，其知名度之高可以与人类社会有史以来任何一位著名人物相媲美。这不仅仅是因为它那堂堂的外表、翩翩的风度、好奇的天性和滑稽的动作，而且还因为它们总是以主人的身份，迎接着到达南极的每一位来访者，故有"南极居民"之美誉。但是，在18种各种各样

△ 企鹅散步

的企鹅当中，真正居住在南极大陆上的只有两种，那就是帝企鹅和阿德雷企鹅。帝企鹅，顾名思义，即企鹅之王的意思。这种企鹅不仅块头最大，庄严巍峨，而且也是最为组织有序，坚韧不拔的。帝企鹅身高可达1.2米，体重41千克。跟一个小孩差不多，与其他矮小的企鹅比起来，犹如鹤立鸡群，又如羊群里的骆驼，实在是佼佼者。而且，帝企鹅脖子上还有一圈黄色的羽毛，像是佩戴着黄金的饰物。看上去更加仪态轩昂，气度不凡。不仅如此，其他企鹅，都把下蛋和孵化幼子的时间，选在温暖的夏季。只有帝企鹅，却把生育后代的季节，选在极其黑暗而严寒的冬天；其他企鹅，都把巢筑在没有冰雪的土地上，并以石子做窝，以保持蛋与幼禽的温暖，只有帝企鹅，敢于站在冰天雪地里孵化后代，连个窝也不筑，全凭自己的脚丫子。因此，帝企鹅这名字是当之无愧，名副其实的。

帝企鹅通常都是在每年3月份，当太阳缓缓降到了地平线以下，海水开始封冻的时候。集合起队伍，向祖祖辈辈沿用不变的栖息地进军，一路上边走边谈恋爱，开始了繁殖后代的艰苦卓绝的长征。一般都是雄企鹅先返回驻地，占据有利地形。接着，雌企鹅们才步履蹒跚地回来，到处寻找自己的丈夫。它们有比较稳固的夫妻关系，通过一系列的叫声和动作，夫妻之间很快就可以互相辨认出来，然后点头哈腰，互致问候。有时候，也许因为有的企鹅喜新厌旧，想寻找新欢，或者丧失配偶，想重新改嫁，也会出现两个雌性争夺一个雄性的婚姻纠纷。在这种情况下，被争夺的丈夫总是冷眼旁观，采取一种超然的态度。而两位竞争对手则会大打出手，用短短的翅膀扇来扇去，直到强者得胜、弱者败北而逃走为止。然后，得胜的一方，便会与得来不易的丈夫胸膛紧贴着胸膛，甜甜蜜蜜地依偎在一起，开始恩爱夫妻的生活。大约一个月之后，雌企鹅会生出唯一的一枚重450克左右的蛋来，蜜月到此就算结束了。不出一天，它便把刚生出来的蛋交给雄企鹅去保暖，并在旁边注视着，看做丈夫的是否尽职尽责。这样观察12小时之后，它认为可以放心了，便独自踏上了返回大海的征途。这时的雌企鹅，已经有一个多月没有吃东西了，由于海冰不断地往外延伸，它们的栖息地离大海已经有100多千米。雌企鹅必须饿着肚子，走完这段漫长的路程，才能一头扎进大海去饱餐一顿。

其实，雄企鹅要辛苦得多。自从接受雌企鹅交给它的艰巨任务之后，它便把那枚宝贵的蛋搁在长有厚蹼的脚丫子上，并把暖暖的肚皮放下来，把蛋严严实实地包裹起来，冒着时速有时达100多千米的暴风和零下几十度的严寒，不吃不动地一直坚持下去。实在受不了时，则会在原地来回地挪动几步，或者爬到冰上运动运动。但是，无论如何艰难困苦。也总是把那枚蛋抱得紧紧的，决不会有任何闪失。有时候，雄企鹅们也会挤在一起取暖，在外面的会拼命地往里挤，在里面的被挤出来之后，又会千方百计地再挤进去，就这样不断地交换着位置，使大家都能获利。大约63天之后，小企鹅才能破壳出世，这时的雄企鹅，已经饿得瘦骨嶙峋，筋疲力尽，体重减少40%。如果不出意外，已经吃得肥肥胖胖的雌企鹅，这时也正好从大海里返回，并给刚出世的小企鹅带回来一份丰盛的食物，反刍出来喂给小企鹅吃。但是，有时候，小企鹅已经孵化出来了，母亲还没有从大海里返回来。可怜的雄企鹅尽管早就饥肠辘辘，还必须从自己的胃里硬吐出一些东西来，喂给幼小的企鹅吃。真是可怜天下父母心！

雄企鹅把幼子交给雌企鹅之后，便匆匆忙忙地奔向大海去觅食。此后，便由父母轮流到大海去捕回食来喂养幼小的企鹅。更加有趣的是，在小企鹅孵出后的第4到第9个星期的这段时间里，是受到集体管理的，通常是由一只成年的帝企鹅留下来，充任托儿所所长，看管和照顾着一群幼子，而它们的父母，则都到大海里去捕鱼。科学家们认为，这很可能是由于这时的小企鹅已经长大，因此胃口大增，单靠父亲或母亲去取食，已经不能喂饱肚皮，所以才成立幼儿园的，以便父母一起出动，就像人类的双职工一样，这样就可以给小企鹅带回足够多的食物。

令生物学家百思不得其解的是，在看上去完全一模一样的一大片小企鹅当中，它们的父母是怎样准确无误地找出自己的孩子来的呢？经过仔细观察以后，科学家们发现，小企鹅在0.2秒的时间内，就能辨别出父母的声音。父母也能以同样的速度，找出自己的孩子。

遗憾的是，尽管父母付出了如此大的代价，尽心尽力地喂养和照顾幼

△ 企鹅对幼子的疼爱

子，但真正能够成活下来的小企鹅，大约只有1/4。更加可怜的是，有的父母在失去了自己的幼子之后，便会动用武力设法从别的父母那里去抢一只小企鹅来喂养。对方当然不干，便会发生一场恶战，而这场战争唯一的受害者，则是幼小的企鹅，或者被冻死，或者被踩死。这样的战争，往往是此起彼伏，争吵不休，互相混战，乱作一团，把栖息地变成了争夺抚养权的战场。

到夏季终于来临的时候，幼企鹅也已经羽毛丰满，块头跟父母差不多了。这时候，它们就可以跟随父母奔向大海，在充满阳光和鱼类的海洋里尽情地饱餐和玩耍嬉戏了。

帝企鹅之所以选择黑暗而寒冷的冬天生儿育女，看上去似乎愚蠢透顶，不合乎道理，实际上却是聪明的选择。因为帝企鹅的个体大，因而需要更长的成长期，必须早一点降生。只有这样，才能在夏季来临之前长大，以便跟父母一起下海，才会有更多的机会活下去。而且，小企鹅在冬天出世，也能更有效地避开贼鸥、豹海豹和嗜杀鲸之类的天敌的侵袭。由此可见，物竞天择，适者生存，大自然的选择是最为合理的，尽管以人类的观点看起来似乎有点残酷。

与帝企鹅不同的是，阿德雷企鹅把繁殖的季节选在南极的夏季。每年10月份，太阳离开地平线越来越高，阿德雷企鹅便组成浩浩荡荡的队伍，从一百五六十千米以外的大海，陆陆续续地返回南极大陆。同样，通常也是雄性企鹅首先来到它们世世代代居住的栖息地，立刻寻找各种石子开始筑巢。阿德雷企鹅不是将蛋搁在脚丫子上，而是放在石子上，用身体严密地保护起来。但是，南极的石子也是很宝贵的，因为企鹅的数量很多，在一个栖息地有时竟达几十万只，必然会发生建筑材料的短缺。有些企鹅会趁别人不注意时，将邻居家的石子偷走，一旦被发现，少不了一场争斗，往往为了一块小小的石子而大打出手。这也难怪，因为在南极这种地方，可供企鹅们支配的物质财富实在是太少了，一块石子就相当于一枚价值连城的订婚钻石，由雄企鹅庄严地献给雌企鹅，作为求爱的信物，就可以定下一年的夫妻关系。这些举动虽然可笑，但对企鹅孵化幼子来说，却是一件生命攸关的大事。

雌企鹅无论是寻找以前的丈夫，还是重觅新欢。都要进行深入细致的调查工作，同样也少不了婚姻纠纷，争风吃醋。直到大部分企鹅都找到理想的伴侣，栖息地才能逐渐安顿下来，进入安度蜜月的平静期。

11月中旬，雌企鹅生下两枚蛋之后，便回到海里去觅食，由雄企鹅留在家里，担当孵化幼子的艰巨任务。它们大约需要40天的时间不吃不动。体重减少40％，小企鹅才能出生，雌企鹅也从大海返回，雄企鹅才能解放出来。此后，则由父母轮流担当喂养和保护小企鹅的任务。在这期间，企鹅父母不仅要与严寒、风雪搏斗，而且还必须时时刻刻提高警惕，以防贼鸥的偷袭，只要稍不留神，它们辛辛苦苦生出来的蛋或好不容易孵化出来的幼子，就会被贼鸥叼了去。小企鹅出生之后，只有20天的时间，可以待在父母温暖的肚皮之下，受到百般呵护，然后父母就会毫不犹豫地弃它们而去。以后的命运，就全靠它们自己去奋斗了。面对严酷的天气和残忍的贼鸥，为了能够生存下去，它们常常拥挤在一起，形成一个庞大的群体。即使如此，小企鹅的成活率一般也不超过30％。到2月初，小企鹅开始脱去绒毛。长出与它们的父母完全一样的羽毛来，掉头往北，跳进大海，二三年之后才能进入成年期。

与帝企鹅相比，阿德雷企鹅身材要矮小得多，一般不到30厘米，体重也只有6千克左右。由于长有强有力的小翅膀和流线型的体形，阿德雷企鹅在水里动作非常敏捷，就像海豚似的，游泳的速度可达每小时48千米，是极好的捕鱼能手。有时候，为了逃脱海豹和嗜杀鲸的追赶，它们能从水里垂直跳出2米多高，一下子蹿到冰崖上去，使人看了惊叹不已。除此之外，阿德雷企鹅还有一种非凡的本领，即它们喝的是咸水，却能在身体内很快淡化，而把盐分从鼻子里排出去。也就是说，每只阿德雷企鹅，都是一个小小的海水淡化工厂。

阿德雷企鹅在冰上行走时有两种方式：一是站立着身子，摇摇摆摆地往前行进。看上去颇有点滑稽。当有急事需要快速行进时，它们便会趴下身子，以肚皮贴在冰面上，用两脚蹬地，像个雪橇似的，很快地往前滑行；一种姿势走得久了容易疲劳，企鹅常常是两种姿势交替使用，一会儿站起来跑，一会儿又趴下来滑，像一群淘气的孩子。

企鹅不仅滑稽、好奇，而且对人类有一种特殊的亲切感，见到人时会远远地跑过来，看看你在干什么。在南极茫茫的冰原上，极少能看到活物，偶尔看到企鹅，会有宾至如归的感觉，这也是人们特别喜爱企鹅的原因之一。

企鹅之所以能够抵抗南极极度的严寒，是因为它们不仅有特别厚的皮下脂肪，而且全身的羽毛致密而光滑，风一吹就会紧紧地贴在身上，有效地防止身体热量的散失。当企鹅在窝里孵蛋时，落在身上的雪不会融化，就像盖上了一层棉被似的。但是，有其利必有其弊，一到夏天，天气稍微暖和一点，企鹅就会热得受不了。通常，它们是站立起来散散热，或张开嘴巴来呼吸。它们羽毛稀少的头部，也是很好的散热器。还可以用梳理羽毛、呼扇翅膀、叉开双脚等方法，将身体内多余的热量散发出去。

阿德雷企鹅，是数量最多的企鹅，整个冬天都在靠近海面的浮冰上生活，可以随时下到海水里去捕食鱼虾，只有到春夏时节，才会来到南极大陆的边缘地带进行脱毛、交配和繁殖。在长期的生活磨炼中，它们形成了一套躲避食肉动物的有效方法。例如，当大群阿德雷企鹅要靠岸时，它们常常先在岸边兜一个大圈子，采用这种战略是为了把藏在冰缘下面的豹海豹或嗜杀鲸引出来。当然，这种做法也要付出代价，可能会有一只企鹅被吃掉，但其他企鹅就可以进入安全地带，会有更多的机会逃脱。这种用牺牲一个来保全多数的策略，是非常有效的。

企鹅王国千奇百怪，奥秘无穷。例如，企鹅的生物钟是非常准确的，它们不仅能在每年的同一时间，前后差不了几天，按时返回自己的栖息地。而且，雌企鹅还能准确地计算出小企鹅出世的时间，因而能恰好在其幼子刚刚出世的时候。从大海里返回来，给孩子喂食。对企鹅的繁衍来说，这一点是非常重要的，如果回来得早了，小企鹅还没有降生，肚子里的食物就会消化掉。如果回来得晚了，小企鹅没有东西吃，同样也会饿死。但是，南极的海洋风大浪急，小小的企鹅在里面东漂西晃，挣扎搏击，其路线和距

△ 企鹅在到处寻找自己的丈夫。

离都是极难把握的，要想准确地把握时间，难度之大可想而知。更加令人迷惑不解的是，有人曾在南美洲南端的岸边，观察过企鹅下海和返回的时间，结果发现，它们每天早上下海和晚上归来的时间，都能准确无误，前后差不了几分钟，比人类上下班还要准时。企鹅们是怎样掌握时间的呢？

企鹅的方向感，也令人类望尘莫及。南极冰原茫茫一片，很难找到固定不变的参照物，再加上气候恶劣，暴风频仍，人类在上面行走，如果没有导向仪器，要想确定方向是非常困难的。然而，科学家用飞机把几只企鹅运到1000千米之外，把它们放出来，它们却能沿着最短的路径回到原来的地方。

企鹅喜欢群居，但却有相对固定的夫妻关系，而且在挑选配偶时，总要经过一番严格的考验，绝不肯草草了事，一旦喜结良缘，则会忠贞不渝，共同负担起养育后代的义务。它们夫妻在分别再重逢时，总要一面亲吻一面发出"凯斯、凯斯（kiss）"的叫声。据此，有人猜测说，英语中的"KISS"（吻），大概就是从企鹅那里学来的。这当然是无稽之谈，因为英国人在发现企鹅之前，早就已经kiss了不知有多少年了。

关于企鹅的另外一大奥秘是，它们到底是鸟还是兽，至今还没有搞清楚。从外表看上去，企鹅应该是鸟，因为它身上长着一对短短的翅膀，头上长着尖尖的喙，脚丫子上还有厚厚的蹼，这都是鸟类所特有的。然而，从解剖学上来看，企鹅翅膀的骨骼表明，那确实曾经是前肢。那么，企鹅到底是

由兽进化来的鸟呢? 还是由鸟进化来的兽呢? 这一点谁也说不清楚。有些动物学家认为,企鹅可能是由某种飞禽进化而来的,它的鳍状肢就是原来的翅膀。另外一些动物学家则认为,企鹅很可能是某种不会飞的爬行动物的后代,因为它们的鳍状肢上长有鳞片,证明这是由原来的前肢演化而来的。当然,这也无关大局,企鹅就是企鹅,它们照样是那样活泼可爱,憨态可掬。不过,我们中文的名字,却已经给它们定了性了,鹅即鸟也,没有什么含糊。然而,英文中的"Penguin",却是一位法国南极探险家,看到企鹅非常可爱,便用自己爱妻的名字命名的。

不仅如此,就连企鹅到底是从哪里来的,至今也还是一个谜。虽然有化石显示,曾经有身高约1.5米、体重达113千克左右的高大企鹅祖先到达过南极地区,但它们的发源地在什么地方,却无人知道。南美洲、非洲和澳大利亚的南部,以及南极大陆周围,都有企鹅居住,由此可以断定,在大陆漂移之前,企鹅就已经存在了,否则的话,它们虽然擅长游泳,要横渡上千千米的大洋,也是不可能的。

当你欣赏着企鹅那种可爱的神态时,可曾想到它们所经历的艰辛和苦难吗? 当你模仿着企鹅的滑稽动作时,可曾想到它们所面临请多的威胁和挑战吗? 当你观看着企鹅的幼子时,可曾想到企鹅父母为保卫后代所付出的代价和牺牲吗? 当你幻想着飞向南极时,可曾想到企鹅看到人类时所表现出来的好奇和友情吗?

是的,南极不能没有企鹅! 企鹅也不能没有南极!

懒得要死的树獭之谜

在南美洲的热带丛林中，生活着各种动物，不管是普通的还是比较珍贵的动物，都让人感觉到一种朦胧的神秘之感。而在众多的动物当中，最有趣的应该算是树獭了。它是一种很原始、却很珍贵古怪的小动物，它的名字非常的奇怪，与大部分生活在地面上的动物不同的是，它们和鸟类一样，常年生活在树上，而且是倒挂在树上，无论怎样都不会掉下来。

更让人觉得奇妙的是，它们无论是休息、睡觉、甚至生儿育女，都是脚朝上、头朝下倒悬在树上。这不能不说是一种奇迹，也不得不令人感叹，大自然中真是无奇不有。

许多树獭甚至一生都生活在同一棵树上，到死后仍然是挂在那棵树上。也就是说，它们到死也没有离开它们的"家"。它们从来都不需要一个固定的窝，困了，便躺在树上睡觉，不管白天晚上都是这样；饿了，到树上摘些树叶充饥。它们的生活就这样在吃和睡之间循环，总是吃饱了睡，睡醒了再吃。由于它们吃东西时非常慢，因而昼夜都在进食，但无论它们吃多少，总是让人觉得它们永远也吃不饱。

它们真的非常懒惰，常常倒挂在树上一连几个小时一动也不

△ 树獭

动。直到感觉到饥饿时，才随手摘些树叶、嫩芽和果子，够不着了，才不得不挪动自己的身体，这时它们会把头朝下，用后肢在树枝上懒洋洋地移动。

树獭能够长期倒挂在树上，主要是因为树獭的四肢长而结实，长着锋利的钩爪，前肢有两爪，后肢有三爪，所以能倒钩在树枝上。这种极其特殊的生活习性，导致了它的皮毛的生长与其他动物的不同，是从腹部顺向背部的。

别看树獭在树上异常的灵活，可是如果把它弄到地上来，它却站立不稳，就好像游泳一样，扭动着身体前进。树獭之所以用后肢站立，而不能行走，是因为它长期悬挂在树上，从而慢慢地失去了步行的平衡能力。在地面上，树獭虽然用前肢拖在陆地上，行动非常不便，但在水中，它们却是出色的游泳能手。

树獭不但非常懒惰，而且还是当今动物界中走得最慢的哺乳动物，平均每分钟移动2.7米。它们常常喜欢隐居在树梢密叶之中，数小时不移动，如果不仔细观察，通常极难发现它们，而且一切动作都很迟缓，即使被捉住也不惊慌。

由于树獭出奇的懒，原本粗糙的长手的表面上，寄生着大量绿色的地衣和藻类植物。它的每一根毛都长有沟，其中长满了藻类，使得它远远看上去和树皮的颜色差不多，这也就成了巧妙而神秘的天然保护色。对于树獭来说，原来懒也还是有好处的。

当幼小的树獭刚刚出生不久后，这些藻类植物就落到了它的毛上，这些藻类靠吸收树獭身上排出的蒸气和呼出的二氧化碳气生活、繁衍。由此也招来了一些甲虫、跳蚤等。它们大都靠吃树獭毛上的藻类生存，而树獭靠它们伪装，这种特殊的长期共生合同，一直会持续到树獭生命告终。

树獭极具有生命力，即使身体负伤也不易死亡。奇怪的是对于其他大型动物立刻致命的毒药，树獭吞下却平安无事。不过，树獭有一个致命的弱点就是非常怕热。它们常年生活在全年气温几乎都保持一致的热带森林里，体温较低，在32℃左右，只能随外界气温的变化进行小幅度的上下变动，当气温达到35℃以上时，不要多长时间，就会置它们于死地。

拦河筑坝的河狸之谜

当今世界上最大的动物家族是啮齿类动物，在这个家庭中，有一种动物非常奇异，它们能集体修筑拦河大坝，使水位升高，然后在坝里筑巢。这在动物界是绝无仅有的，这种著名的"筑坝工程师"就是河狸。

河狸有两种：一种是产于北美各地，叫北美河狸；一种产于欧亚大陆，叫欧洲河狸。我国新疆的阿勒泰地区也产河狸，不过这种河狸是欧洲河狸的一个地区亚种。北美河狸比欧洲河狸体型要大，而且显得壮实。

最特殊的是河狸的尾巴，肥大而扁平，有鳞无毛，根本不像从它的身体上长出来的。它的尾巴是卵形的，尾根部比较细。而它游泳时，主要就是靠这根尾巴来起到"舵"的作用。尾巴的运动完全靠尾根的肌肉驱动，当尾根肌肉上下摆动时，尾巴就被带动做波浪形运动。由于河狸的前脚上没有脚蹼，游泳的时候就会收起来。它的后足比前足大，趾间有蹼相连，就像两根船桨一样，交替划行，推动身体向前游去。

河狸生活在森林地区的河边，为了防御狼、山猫、狐狸等天敌的攻击，河狸都把房建在水中。洞穴不但建得非常讲究，而且很精巧，圆圆的房顶，从远处望去像一个炭窑，房顶直径有2～3米。房子有两个出口，一个通陆上，另一个通过一条隧道与水下相接。这样小屋便成了水陆交通中心，很适合河狸栖息生活的习惯。

每座小屋分上下两层，上层是干燥的，是全家的居室，宽大而舒适，里面铺着干草和树叶。它们一般一个大家族都居住在一个洞穴里，从不"分家另过"，也不会发生什么冲突；下层在水面下，作为仓库，堆积"粮食"、树皮和木段。从下层仓库通出去的那个出口的修造，考虑得颇为周到。它修造在1米多深的水面下，这样假如冰冻的话，那个出口还是在水面下。河狸的木屋中还开有"通风道"，填有"隔热层"，住起来既舒适又安全。

河狸还是一个优秀的土木工程师，在枯水季节里，为了保持水的深度，它会采伐树木，构筑堤坝，糊上泥土，把洞穴周围的河水圈成一个深水域。筑坝时，它们先选择好方向，用锐利的门牙将树干啃断，然后把树干切成一段段运到水里堆好。当聚集了许多树干后，再利用水流把树干运到围堤处，再一根根垂直地插进土里当作木桩。等到树木伐够以后，接着就该运土了，它们使用灵巧的前爪将泥土高高托起，用后足踩水，游往堆好树枝的地方，将土当填料撒在树枝上，然后用树干、石子、淤泥堆成堤坝，最长的堤坝有180米长、6米宽、3米高。把河水截住使坝内变成浅滩，然后在近岸的地方造房。经过数天的"艰苦奋战"之后，堤坝便筑好了。

河狸多成双成对活动，常群居在一起，一个个"水中楼阁"排成一列，有时多到十几个。冬去春来，河狸又要忙着"生儿育女"了，当幼仔长到2岁左右就能成家立业了。小河狸爱在岸上玩耍，若有狐狸等敌害来犯时，母河狸会用尾巴猛击水面发出警报，让小河狸跳入水中逃回。河狸尾巴的功能还不仅于此，在啃树枝时，它的尾巴还能与两后腿鼎足而立使身子稳定，干起活来就更有劲了。

它们的食物主要是杨、柳、桦等树的新鲜树皮、嫩枝和树根。为了在漫长的冬天也能吃到这些新鲜的食物，每年9～10月冬季来临之前，它们就大量啃食大树储备冬粮。它们把树干和树枝咬成1米左右长的树干，运到洞口附近的水底储藏，先用石堆将树枝压好，再用泥土封死，这就是它们的"储藏库。"

河狸是一种很有经济价值的动物。它的毛皮质地良好，毛细密柔软，可以制成衣物，价值昂贵。另外，河狸的肛门前有两个腺体，能分泌出一种油质物，俗称"海狸香"。在香料工业中，海狸香也是香料中的定香剂，是目前国际上最流行、最热门的香料原料。除了这些在工业上的重要用途外，海狸香在医药上还有类似于麝香的功效。

"酷爱干净"的浣熊之谜

或许有人会问，在野生动物中，也有酷爱干净，经常洗手的吗？当然有，譬如浣熊就是其中最爱干净的一种。"浣"便是洗的意思，由于它有这种洗食的习惯，所以人们就称它浣熊。

浣熊产于北美洲，与小熊猫同属浣熊科。它虽名叫"熊"，但外形并不怎么像熊，身体肥短，四肢细小，嘴很尖，全身灰褐色，长着一条带有四、五个黄色环纹的毛茸茸的长尾巴，上面还有5～6条黑色环纹。特别是它长着一双好像隐藏在一付黑色蒙面罩中的小眼睛，长相猛一看很像我国的小熊猫。

浣熊习惯生活在森林中，常住在树洞里，是一种树栖性动物。它白天常在树上睡觉，晚上才外出到河边活动寻食，是典型的夜行性动物。浣熊不挑食，它吃的东西很杂，包括五谷杂粮、各种果菜，还有鱼、蛙、兔、鼠、鸟和爬行动物等。找不到东西吃的时候，就悄悄地溜进人类居住的地方，偷吃农民家里的鸡鸭。

与其他动物最大的区别是，浣熊有一个有趣的、也是动物中少见的特殊习性，不管它们居住在什么地方，总是离不开水源，因为浣熊吃东西时非常讲究卫生，总是习惯将吃的食物先放在水里洗一洗再

△ 浣熊

吃。捉到鱼后，从不张嘴就吃，总是用前爪抓住，将鱼放在水中洗一洗，把鱼咬死，然后用足按住，伸开利爪扒开鱼的鳞，这时才开始吃鱼肉了。如果一下子找不到水，或者由于别的原因不能洗手时，宁可饿着也不吃。当然，浣熊洗"手"并不是像人那样洗，而是像小孩子玩水那样用"手"拍打着水，这就算洗手了。

也许人们会认为，浣熊那么爱洗"手"，真的是因为它们爱干净？其实并不是这样的，浣熊也并不是像人们想象的那样见水就洗，它们浣洗的水往往是泥水，而且要比它们手中的食物还要脏。所以，浣熊并不是因为爱干净而浣洗的，而是喜欢玩味水中的食物，或者说，清洗一下的食物，吃起来会更有滋味。

浣熊还是一种非常负责任的动物，尤其是抚养小宝宝，从来都不马虎，它们总是夫妻俩一起抚养孩子。当小浣熊还比较羸弱的时候，浣熊妈妈从来不允许它们离开"家"，只有等它们都长到差不多大的时候，父母才允许它们成群地跑到窝外的树枝上晒晒太阳。

等到小浣熊可以跟着父母外出的时候，妈妈就会带着小浣熊们来到河边，并开始教它们学习如何觅食。浣熊妈妈一边非常耐心地给孩子们做示范，一边还密切地注视着森林，提防有别的动物来偷袭。浣熊妈妈先把两只前脚插进水里，用锐利的爪子抓住泥土中的青蛙、鱼及蝌蚪等。小浣熊们自觉地学着妈妈的动作，把前脚插进水里，然后浣熊妈妈又告诉它们，在进食之前，要轻轻将食物放进水里洗干净之后再吃进去，这样味道会更好。

浣熊的警惕性非常高，每次外出觅食，它们都有一定的分工。当小浣熊跟妈妈在树下觅食的时候，浣熊爸爸始终在树上守卫。浣熊妈妈也没闲着，它总是徘徊在河岸通往森林的那条路上，检查有没有其他动物或者是人类的特殊气味。突然，它觉得危险已经近在眼前，慌忙朝孩子们发出信号，叫大家赶快回树洞。就是这样，浣熊总是能够凭着相对敏锐的嗅觉和高度的警惕性，逃过一次次的劫难。

大象吞石之谜

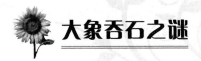

　　大家都知道，大象是食草动物，它怎么可能吃石头呢？说起来谁也不会相信，但事实就是如此。

　　生活在非洲东部肯尼亚艾尔冈山区的大象，它们的鼻子就像挖掘机一样，把石头挖下来，咔吧咔吧吃掉。就这样，天长日久，大象用鼻子在这个山区挖出了许多奇怪的洞。大象经常排着队，走进山洞，吃够石头后，又排着队走出。关于这些山洞，有人认为不是大象挖的，是火山爆发后留下的溶洞。可是山洞的巨大空间和不规则的形状又与岩浆喷射的气泡不相吻合。一些考古学家分析这可能是当地居民挖掘的。但通过对当地土著居民的调查来看，他们没有挖山洞的历史。科学家们根据当地居民的说法，加上对这一带山区的调查，认为这一带的大象很久以来就有吞食石头的习惯，这些山洞就是它们挖山不止的结果。

　　现在人们感兴趣的是，大象为什么要吃石头呢？这件事引起了科学家们的关注，他们亲临现场，观察大象与石头之间的关系。经化验发现，大象吃的石头里含有很高的硝酸盐。原来在干旱的季节里，大象要出大量的汗，分泌大量的唾液，身体里的盐分随之被大量消耗，而吃的那些植物里含的盐分又远远满足不了要求，因此便靠吃这种含盐很高的石头来加以补充。让人感到奇怪的是，大象怎么知道这些岩石里含有硝酸盐呢？难道它们也像人一样，知道自己缺什么就补什么？

　　另外一个让人不解的问题是，其他地方的大象也都是食草动物，却都不吃石头，为什么偏偏这个地方的大象吃石头呢？这种吞石现象，是现在发生的，还是从古时候就这样？如果是现在才有的，那么是不是大象的食物结构发生了变化？就从为了补充盐这个角度来说，其他地区没有这种石头，大象又靠什么来补充盐呢？这些问题，还有待于进一步科学研究。

鲸鱼为什么能唱歌

　　鲸鱼能唱歌吗？美国动物学家罗杰·佩恩夫妇经过12年的研究，用仪器记录下大量鲸鱼在水中的叫声，再以电子计算机加以比较分析，发现鲸鱼确实能唱出美妙动听的歌曲，这种歌曲一般长6分钟到30分钟，将其加快14倍的速度，声音就像婉转的鸟鸣。

　　众所周知，鲸鱼是没有声带的，它的发声原理是什么呢？科学家们无不为这种奇特的现象而百思不得其解，在已经研究的成果中发现，鲸鱼无论在海里单独游或成群地游，唱的都是同样的歌，但节奏不同，将鲸鱼历年唱的歌加以比较，还发现同一年内所有的鲸鱼都唱同样的歌，但不是齐唱，第二年又都换唱新歌，这些歌逐年演变，相近两年的歌相似处多些，相隔年代久的则变化很大。十分神奇的是，即使是地理上相隔很远的鲸鱼，如大西洋百慕大群岛的鲸鱼和太平洋夏威夷群岛的鲸鱼，所唱的歌初听起来是两样，但经过认真分析，歌声的结构和变化规律都是大致相同的。

　　科学家们曾对座头鲸跟踪观察6个月，作了大量的水下录音和摄影，发现鲸每年回游之后返回原地时，先是唱去年的歌，然后才逐渐变化，只是在繁殖期间的歌曲没有变化。这说明，鲸的智力能记忆一首歌中所有复杂的声音和顺序，并储存这些记忆达半年之久，然后再加上新的变化。

　　目前，对鲸的歌唱的研究工作还仅限于掌握第一手资料，1977年夏季，美国向银河系发射了探索其他星系的宇宙飞船，里面装有一张能保存10亿年的唱片，唱片里除了有古典和现代音乐，以及联合国成员国的55种语言的问候语外，还特意录制了一段鲸鱼的歌声，希望在茫茫的宇宙中，能找到会识别这神秘歌声的知音。

海怪之谜

海怪学名叫鲎，身长一二尺左右，体重八九斤，形态接近蟹类，外形奇特丑陋。

海怪是地球上现存的老资格动物，至今已有三亿五千年的历史了，比恐龙的历史还要悠久，恐龙早在6500万年前就已灭绝了，海怪却一直存活到现在，形态也没有发生什么显著的变化，被称为活化石。

海怪的血液是蓝色的，曾令人长期困惑不解，直到近代，经过科学研究才弄清，海怪的血液以铜作为氧的载体，含有血蓝蛋白，血蓝蛋白不含铁质而含铜的化合物，因而呈蓝色。海怪的视觉系统十分复杂奇特，它除了头部两侧各有一只复眼外，在头部正中还有一对单眼，但这4只眼不会动，每只眼约有1000个小眼，小眼的个头较大，神经纤维较粗，目前，科学家只知道光线可以帮助海怪判断行动的方向，而整个视觉系统在海怪的行动中所起的作用，还没有彻底搞清。

海怪的眼就像最灵敏的电磁波接收器，能接受深海中极其微弱的光线，这使海怪生活在深深的海底却从不迷失方向。许多科学家认为，海怪的一对复眼具有光的侧抑制作用，可以加强所看图像的反差，使得模糊的形象变得清晰，这对于研究高清晰度的电视摄像技术是很有帮助的。美国洛克菲勒大学的著名科学家哈特勒因博士，通过对海怪视神经电脉冲进行全面系统的探索和研究，揭示了各种视觉系统功能的原理，还获得了诺贝尔奖金！

看来，不但不可貌相，就连动物也不可以貌取人，这丑陋的海怪竟有如此大的神通，连现代高科技都要借助它的一臂之力呢！

螳螂"谋杀亲夫"之谜

螳螂形态特异，头部宽阔如三角形，前足形似弯月刀。为了不引起猎物的注意，螳螂有独特的形态，有的宽似绿叶红花，有的细长如竹叶。

捕食时它们选择食物的范围并不仅仅局限于其它种类的昆虫。它们还自食同类。而且它们在吃同类的时候，十分泰然自若。那副样子，简直和它们吃蝗虫、吃蚱蜢的时候一模一样，仿佛这是天经地义的事情。

螳螂甚至还具有食用配偶的习性。这可真让人吃惊！在吃配偶的时候，雌性的螳螂会咬住"丈夫"的头颈，然后一口一口地吃下去。最后，剩余下来的只是"丈夫"的两片薄薄的翅膀而已。这真让人难以置信。

那么，为什么螳螂要这样残忍地自相残杀，甚至是谋杀自己的"丈夫"呢？

有人认为，螳螂不仅大吃小，而且雌吃雄，这都属于正常现象，所以他们称殉情的雄螳螂为"痴情丈夫"。

螳螂在交配后，雌螳螂啃食雄螳螂的头部，然后将身体吃个精光，说来似乎很残忍，实则是雌螳螂在交配后，急需补充大量营养，来满足腹中卵粒成型的需要，以及制作将来产卵时用来包缠卵粒的大量胶状物质。

在自然环境里，雌螳螂为了产出饱满的卵，培育出健壮的后代，生理上所需要的蛋白质，光依靠它所能捕捉到的小虫是远远不够的。至少要吃掉四五只雄螳螂那么多的蛋白质来"进补"，才能满足它所需要的养分。

不过许多学者不同意这样的说法，因为他们发现，雌螳螂转过头来吃掉雄螳螂的头及前肢的时候，雄螳螂竟不做任何抵抗，任其肆意吞噬。

那么雄螳螂的这样一种行为真的是自我牺牲吗？当遭到外来的侵犯时，怎么会坐以待毙？

所以有些学者认为，雄螳螂以它的躯体为诱饵，是为了完成它的基本繁殖任务。

某些科学家则认为，雌螳螂吃掉雄螳螂的头，可能只是一种想避免自身被吃掉的反应方式。

因为螳螂具有自相残杀的天性，要是雌螳螂不及时吃掉雄螳螂的话，后者很有可能会被反咬。

还有人从螳螂的猎食性来分析这个问题。他们觉得，在自然界里雌性螳螂有吃雄螳螂的惯例，可能只是出于螳螂的贪吃。它们可以把任何东西当食物，是典型的杂食动物，这一点也和人类相似。

最近，德国和美国的科学工作者为了印证法布尔的结论，分别用录像和肉眼观察研究了螳螂从开始求爱到交配完毕的全部过程。经过他们对十多对螳螂的观察记录，发现它们的求爱、交配过程非常复杂，一般都要进行几次，而且持续时间较长，大约需要几个小时，但是却没有发现一只雌螳螂有"杀夫"行为。

这说明法布尔看到的螳螂"杀夫"并不是普遍现象，或者是有的种类具有那种残忍行为，而其他的种类却不具备；或者是那些没有饿着肚子的雌螳螂并不会吃掉自己的丈夫。

近年来，我国的科技工作者经过多年的饲养研究和观察，对雌螳螂"杀夫"之谜有了更新的发现。原来，"杀夫"的重要原因是由于雌螳螂的性器官尚未成熟，而雄螳螂又急于交配所致。雄螳螂与雌螳螂相比性器官成熟早，雌螳螂性器官晚熟，而此时雄螳螂急于交配，雌螳螂就会毫不客气地凶性大发，将雄螳螂作为点心吃掉。如果雌螳螂的性器官成熟了，雄螳螂被吃掉的可能性就大大减少了。

螳螂"谋杀亲夫"引出了许多发生在其身上的不可思议的秘密，也让我们对螳螂有了更深层次地了解，这更加促进了我们对于了解大自然各种奇妙现象的好奇心。

散发 "灯光" 的灯笼鱼之谜

灯笼鱼是一种发光的小型鱼类，体长而侧扁，口和眼都较大；在头部前面、眼的附近以及身体侧线下方和尾柄有发光器。发光器的数目和排列位置因种类不同而有差别，由一群特化的皮肤腺细胞，即发光细胞组成。这种细胞能分泌一种含有磷质的腺液，腺液在腺细胞内被血液里的氧氧化，释放出一种荧光。鱼死后，发光细胞停止发光。

灯笼鱼一般生活在较深的海区，白昼潜入海底，黑夜浮上浅层。它们用闪光来诱捕食饵，迷惑敌人和识别同类。灯笼鱼的种类繁多，其中最奇特的是深海灯笼鱼。这种鱼雌性非常丑陋，只有一个网球大小，雄性则像长了翅膀的豆粒糖。这种鱼类在交配时雄性紧咬着雌性不放，吸食雌性的血液，犹如用精液换血液，事后雄雌的肉合为一体，科学家还看到最多6尾雄鱼紧咬着一尾雌鱼的情形。

灯笼鱼主要有以下几种。

一、柠檬灯

鱼体呈纺锤形，稍侧扁，体长可达5厘米。全身呈柠檬色，在光线照身下闪闪发光，背鳍的臀鳍边缘有黑色条纹，眼睛上部为红色。整个鱼体晶莹剔透，可以

△ 灯笼鱼

看清其脊椎骨和肋骨。柠檬鱼与其他生活在南美洲的灯类热带鱼一样，喜欢弱酸性的软水。它们性情温和，不互相攻击，最适宜生活在20～25℃的水温中，它们吃动物性饵料。

二、红绿灯

红绿灯鱼体型娇小，全长3～4厘米，鳍也不大。体色突出在侧线上方有一条霓虹纵带，从眼部直至尾柄前，在光线折射下既绿又蓝，尾柄处鲜红色，游动时红绿闪烁。养几十尾红绿灯鱼，如观焰火。背鳍位于背中部，臀鳍较延长至尾柄后方，各鳍均透明。雄鱼体较纤细，雌鱼体较肥厚。

三、宝莲灯

原产于亚马孙河中下游。体形较红绿灯稍宽。容易饲养，喜偏酸性水质。杂食性，但欲保持其艳丽体色，就要常投些动物性饵料。性情温和，宜群养。泳姿比较活泼欢快。

四、黑莲灯

又名黑霓虹灯鱼、黑灯鱼，体形与红莲灯鱼相似，体色偏暗。体侧有三条纵向条纹，最上条呈黄绿色，中间一条为白色，下面一条为较宽的黑色带。

离开水也能生存的弹涂鱼之谜

弹涂鱼是生活在红树林滩涂的一种常见鱼类，属鲈形目弹涂鱼科，水陆两栖。它的眼睛大而突出，长在头顶上，可以前后左右转动，观察周围情况。

弹涂鱼的鳃腔很大，能贮藏大量空气；皮肤密布微血管，能辅助呼吸；胸鳍十分粗壮，能支撑身体，并交替着向前爬行。如同陆生动物的前肢，活动自如。弹涂鱼与大弹涂鱼一样，可以长期在陆上生存。如果不定期游出水面便会死亡。

弹涂鱼为什么能够直接呼吸空气呢？因为弹涂鱼的鳃经过长期的演变已经逐渐适应了直接呼吸空气。另外，弹涂鱼具有一对特别发达的胸鳍。胸鳍很长，根部的肌肉相当发达，有点像人的两只胳膊，十分有助于陆上活动。弹涂鱼走起路来有时比人步行还快。它利用有力的胸鳍抓住树干，不慌不忙，攀缘而上。

弹涂鱼拥有一双大而突出的圆眼睛，前后左右盼顾自如，周围的情况一切尽收眼底。当潮水高涨时，弹涂鱼常常爬到矮树上，一旦受到惊扰，就立即跳进海里。海水退潮后，就在泥滩或露出水面的树干上捕捉食物，又爬又跳，极其活跃。

弹涂鱼为什么能够离开海水呢？因为弹涂鱼不仅有鳃，而且还有多个兼营呼吸的辅助呼吸器官。它们的皮肤内有很多血管，可以直接与外界空气进行气体交换。离开水后，在鳃前的喉部仍然保持相当分量的海水，也可以供呼吸使用。

最有趣的是，弹涂鱼的尾鳍也有呼吸功能，所以在海边看到的弹涂鱼经常是把身体的大部分露出水面，而将尾鳍留在水中。

会讲人话的猫之谜

这只会说话的猫有一个响亮的名字：唐斯科将军。它20多年来一直陪伴着主人伊凡露娃女士。它在10年前突然开始讲俄语，并逐步可以说100多个不同的俄语单词，而且还可以说一些简单句子。

莫斯科大学的动物行为心理学家杜巴切科医生说："这是我所遇到的最不可思议的事情。最初，我是抱着极度怀疑的态度的，但后来我完全相信这只猫真的懂得讲话，可与人类沟通。"这只猫讲得最多的是"我想吃东西"、"多谢"、"我要出去走走"等。

伊凡露娃说："每当它感到肚子饿或想上街时，都会说话。如果不如它的意，就会大发脾气。""将军"是一只脾气很怪的雄猫，加上它讲话时声音粗哑，做它的主人也不容易。但伊凡露娃颇懂得欣赏"将军"的优点，她讲："它很有礼貌，喂它吃饱后就会讲'多谢'，自己逛街回来，就会对我说'我回来了'。"

10年前的一天，伊凡露娃准备带"将军"去坐火车，把它放入一个密封的篮子里，"将军"表现得很不高兴，突然讲了一句："你小心点！"把伊凡露娃吓得连呼吸也差点儿停止，甚至不能相信自己的耳朵。从那日起，"将军"便开始讲话，后来学会了越来越多的词语。据杜巴切科医生分析，有些语言是它从伊凡露娃及她的孩子处学到的，另一些则是跟电视学的。"将军"很喜欢看电视，而且当它看得闷时，会对伊凡露娃说"转台！"。每日，它都会多次讲"再见"、"你好"。

伊凡露娃打算在"将军"离开这个世界后，把它捐给科学家，让他们去解剖研究这只怪猫，希望能解开猫会讲人话的谜团。

能说人话的黑猩猩之谜

据《新科学家》报道，一只名为"坎兹"的非洲倭黑猩猩在实验室中令人惊奇地发声说话，这是科学家首次发现猩猩能像婴儿一样、用不同的发声表达不同的意义，"动物没有语言能力"这一科学论断由此遭到巨大挑战。

"坎兹"是一只成年倭黑猩猩，它从小便和人类生活在一起，熟悉各种人类社会相互沟通的符号用语。它能够说一些英语，还能对一些诸如"从笼子里出来"、"你想吃香蕉吗"等短语立即作出反应。

负责"坎兹"研究工作的科学家杰德·塔克里特拉和瑟勒·斯威吉·若班思观察到，当她们和"坎兹"交流时，"坎兹"能发出一些起伏有异的音调。塔克里特拉说："我们正在研究产生这些极有韵律感的声音的原因。"

在一份长达100小时的录像带中，可以看到"坎兹"不同时期与人沟通的情形，能分析出"坎兹"在不同年龄段的发声也是各不相同的。科学家精选出其中一些典型片断，确切地记录了猩猩"坎兹"一些表达清晰的举止，比如，当"坎兹"想吃香蕉的时候，它会做出"banana"的表示；或者当听到让它出笼的要求后，它自觉地爬出笼子。

据塔克里特拉和若班思证实，"坎兹"能够说出4个不同意义的单词：banana（香蕉）、grapes（葡萄）、juice（果汁）和yes（是）。在说出这些单词时，"坎兹"声音的音调趋于一致。塔克里特拉对此表示："我们没有教它这些单词的发音，它是自己'领悟'到的。"

塔克里特拉的实验室里有至少7只供研究的倭黑猩猩，其中一些根本得不到专门的语言训练。科学家在研究"坎兹"时注意到，它看来有意识地模仿人类的发声。

"坎兹"被称为懂得语言，而"语言"在不同情况下是有多种解释的。

但可以确定的一点是，"坎兹"仍然还是第一位能够确切证明猿类能够"说话"的猩猩。沃勒说："坎兹，的发声明确地表示具体事物和意义。这一点非常罕见。"

此外，"坎兹"现象为研究动物的语言提供了重要线索，启迪科学家思考人类语言的起源问题。米特里对此表示："动物的语言研究能帮助我们了解人类的进化过程，对于灵长类动物的研究因而显得格外重要。"

许多人也对此发表了不同的看法：

观点一："坎兹"发音有认知成分

有人对猩猩"说话"提出疑问，称"坎兹"的各种发声都是由于其情绪不同而造成的差异。塔克里特拉则表示，情绪的不同虽然能造成发音的差异，但这并不是造成"坎兹"发音差异的唯一原因，"坎兹"在不同情绪状况下都能说"是"就可以作为例证。

观点二：人类干扰猩猩学语言

按照通常的说法，语言是人类交流的符号，"坎兹"发音说话的举动挑战了"动物没有自己的语言能力"的科学观点。此前，另一只非洲黑猩猩也被报道能学习手语。

有科学家表示，多数语言学家都认同一点：语言的语法比词汇构造更为重要。有时我们干扰了猩猩学习人类语言——我们常常只着重灌输词汇而避而不谈语法问题。

观点三：动物语言之谜仍难解

最近对生活在非洲象牙海岸的猿猴研究表明，有明显的证据证明猴子有着自己的语法规范。科学家也观察到，当一只非洲黑猩猩见到食物时，它会发出高、低、不高不低三种音，其它的猩猩都能明白。

猩猩"说话"的事实具有重大的科学意义，密歇根州立大学的约翰·米特里表示："这个事实给关于猿类的研究带来了一线阳光，不过，我们距离彻底揭示动物的语言问题的奥秘还有很长的距离。"

鱼类洄游之谜

在鱼的世界里，有些鱼类如鲑鱼、鳗鱼和鲱鱼等，就像候鸟一样，在大海里成长，在淡水河流里繁殖。让人费解的是，这些鱼在万里水域中洄游，它们既看不到星星，也无法利用地形目标，它们是如何辨认出往返的路线的呢？这使科学家们大伤脑筋。

就拿鲑鱼来说吧！它出生在淡水江河里，生长发育却是在遥远的大海里，这段路程足有上千里，甚至上万里。它们为了回故乡产卵，不得不穿越一道道激流险滩。当它们回到故乡后一个个已经累得精疲力竭，产完卵后，就该寿终正寝了。问题是它的洄游不是在短期内，往往需要几年才能返回一次。因为一条鲑鱼在江河里出生后，到大海里生长，需三四年才能够性腺成熟，返回江河里来产卵。事隔这么多年它如何还能记住洄游的路线呢！

一些动物学家从水流、气温、饵料等方面来探讨鱼类洄游的原因。最近由于鱼类"识别外激素"的发现，把这一问题的研究推进了一步。这种物质可以使鱼之间区别同一种类的不同个体。比如母鱼产仔后，就会放出这种物质，幼鱼嗅到后，就会自动呆在一定的水域，以利于母亲进行照料和保护；相反，幼鱼也会放出这种物质，以便母亲相认。有人分析，会不会在鱼类出生的地方有着某种特异的气味，把千里以外的鱼吸引回来呢？

但令人不解的是，这种气味能存在三四年吗？它们洄游有海路也有江河，难道这种气味就不发生变化吗？因此有人猜测，除了这种"识别外激素"之外，还应有一种东西作用于鱼类的洄游。那么，这种东西是什么呢？相信终有一天会有答案的。

动物的伪装自卫术之谜

　　有些动物的伪装本领十分高强。人类对于动物的伪装自卫术真可谓是望尘莫及。

　　扔给乌贼一块石头，它就能变成"石头"，扔给它沙子，它就能变为"沙子"。它们能在一群潜水科学家的眼皮底下"失踪"20分钟。雄乌贼甚至在"男扮女装"骚扰对方的"妻妾"后，还能让对方拿它当"妻妾"保护着。但美国科学家发现这些"百变神偷"的变化"伎俩"其实只有三大类，而且整个动物界的其余"易容大师"的看家本领其实也就是这三大招数。

　　一、动物界的伪装冠军：

　　在位于美国马塞诸塞州伍兹霍尔市的"海洋生物学实验室"里，罗杰·汉龙在一些浅盆子里养了一群乌贼。这些乌贼个个好像是变化多端的魔术师，它们皮肤不断变化着色彩和模样，变化速度相当的快。

　　汉龙将一根手指伸进了一个盆子里，一条乌贼眨眼间就在背上添了一双"眼睛"，这是乌贼愚弄天敌的一种策略。这对"眼睛"只出现了几秒钟，然后就消失了。

　　汉龙又将手指伸进了另一个盆子里，三条乌贼迅速变成巧克力色，有一条还让自己的背部和须部呈现出波浪状的白色条纹。

　　在其余的盆子内，那些乌贼也在进行着微妙的变化，不过精彩程度一点儿也不差。汉龙的学生们在盆子里放了些沙子，乌贼身体就变成了平滑的浅褐色。而当放入砾石时，它们的皮肤就变得明暗相间。

　　汉龙有时候会将黑白相间的棋盘放在盆子里，乌贼就会变化出一个个棱角分明、无比逼真的白色方块来。无论给出什么样的背景，乌贼都可以反应机敏地想出应变对策，把自己塑造得相当完美，与给出的背景配合得天衣无缝。

乌贼和它们的近亲章鱼以及鱿鱼都属于头足类动物，三者都堪称动物界的伪装冠军。不过汉龙和他的同事们已经大致掌握了这些伪装高手"易容"的秘密。

汉龙是该实验室的一名高级科学家。过去30多年来，他长时间待在实验室里，也成千上万次在海洋里潜水，一直在研究着头足类动物。他说他相信自己已经形成了一种理论，可以用它解开头足类动物的"魔力"之谜。这种理论实际上还可以说明所有动物的全部伪装方式。尽管动物们有着不同的伪装色，但它们用来欺骗其余生物眼睛的基本方式是有限的。

二、眼皮底下"失踪"20分钟：

汉龙已经见识过章鱼伪装成移动石头的高超技巧。它们能让自己的身体变成一块石头的模样，在海床上移过。不过它们移动的速度就和周围摇曳的波光一样慢，因此看上去它们从来没有在移动。

有一次，在追踪一条乌贼一个半小时之后，汉龙将目光移开片刻，当他重新看回去时，那条乌贼已经不见了。

汉龙和他的同事们游了20分钟，才意识到它其实就在他们眼前，就在他们此前看到它的地方。

三、男扮女装夺人妻室还受宠：

近年来，汉龙的相当一部分时间是用于在澳大利亚南部沿海潜水。他们在那里发现了一处乌贼大规模产卵地，每年都有数十万条澳洲大乌贼在这里交配和产卵。在这个乌贼天堂里，汉龙已经发现了它们伪装技巧的一些新特色。出于对它们夜间活动的好奇，他和同事们使用了一个水下机器人，让它在暗淡的红光中进行拍摄。这些录像透露了一些前所未见的东西—头足类动物在夜间也玩伪装，这显然是为了躲避海豚及其他天敌。

汉龙他们已经发现乌贼甚至还用伪装来骗过其同类。雄乌贼通常会牢牢看着自己的"三妻四妾"，不让"情敌"前来骚扰。不过"情敌"通常用不着与对方进行"肉搏战"，而只需展示一下自己强大的伪装技巧，让对方"视而不见"即可。

如果雄乌贼让自己的皮肤变得像雌乌贼一样，它就能神不知鬼不觉地溜到对方的"妻妾"身旁，与它们交配。这只雄乌贼的伪装是那么的完美，对方甚至会将它当成是自己的"妻妾"而提供保护。

为了生存，动物的伪装技术不断突破，有些种类还达到了仿形与拟态的境地。

其他伪装高手：

一、树叶虫

树叶虫的学名为叶虫，因为它们长得特别像树叶，所以人们往往俗称它们为树叶虫。它们具有惊人的、难以想象的拟态和保护色，无论怎么看，它们都像是一片叶子，如此长相足以骗过捕食者。当它们行走时会来回摇动身体，看起来就像是被风吹起的树叶。更令人不可思议的是，一些树叶虫居然在身体边缘"伪造"被咬过的咬痕，从而更加逼真地达到迷惑敌人的目的。

二、比目鱼

比目鱼栖息在浅海的沙质海底，捕食小鱼虾。虽然它算不上漂亮的伪装高手，但它这种双眼同在身体朝上的一侧，让它通过这一侧的颜色与海底周围环境极其配合。这种姿势很难让它们的天敌发现它们的存在。一些比目鱼物种还能像"变色龙"一样随环境的变化来改变自己的颜色。

三、石头鱼

石头鱼貌不惊人，身长只有30厘米左右，平时就躲在海底或岩礁下，将自己伪装成一块不起眼的石头，即使你站在它的身旁，它也一动不动，让你发现不了。如果不留意踩着了它，它就会毫不客气地

△ 动物的伪装自卫术

立刻反击，向外喷射出致命剧毒。它的脊背上那12～14根像针一样锐利的背刺会轻而易举地穿透你的鞋底刺入脚掌，使你很快中毒，并一直处于剧烈的疼痛中，直到死亡。

四、竹节虫

昆虫界中的伪装高手非竹节虫莫属，因其体型大都是细细长长的，模拟植物枝条好像一根竹竿或拐杖，所以名字又叫做"拐杖虫"。竹节虫栖息在草丛或枯枝中，只要不移动，除非是经验丰富或眼力极佳的人，否则很难发现它的踪迹。

五、纺织娘

纺织娘也叫树螽，是长角蚱蜢家族中的一员，它们不喜欢被别人看见，形态犹如树叶，通过保护色和拟态来避免被发现。但它不在意被别人听见，通常在夜晚歌唱和唧唧地叫，但这种叫声究竟是什么意思，恐怕只有它们自己知道。

六、叶海龙

叶海龙外观像海藻又像龙，它的身体由骨质板组成，且延伸出一株株像海藻叶瓣状的附肢，可以让叶海龙伪装成海藻，安全地隐藏在海藻丛中，或在水流极慢的近海水域中栖息与觅食。实际上，叶海龙并不是唯一一种看上去像飘浮海草似的海龙，其他的草海龙也是这样的伪装高手，它们长有类似海草的鳍。

七、杜父鱼

杜父鱼喜欢将自己隐藏起来，更擅长悄无声息地撤离，给对手来一个措手不及。它们拥有高高突起的尖锐脊骨，能够充当尖刺，让敌人饱受刺痛之苦。

动物的伪装自卫术技艺精湛，人类不得不为之惊叹。从动物的伪装术中我们人类受到了很大的启示。在军事上，许多战车、军车、服装都采用了迷彩色做保护，起到了很好的隐蔽效果。对于动物的伪装术，我们人类有很多借鉴之处，这为人类的发展提供了很大的便利。

# 白蚁为什么遭人讨厌

　　白蚁，亦称虫尉，形状像蚂蚁。白蚁体软弱而扁，有白色、淡黄色、赤褐色或黑褐色，各种不同种类体色不一样。口器为典型的咀嚼式，触角念珠状。有长翅、短翅和无翅型。有翅种类有两对狭长膜质翅，翅的大小、形状以及翅脉序均相似，故称等翅目。白蚁的翅经短时间飞行后，能自基部特有的横缝脱落。

　　白蚁是一种活动诡秘的群居性害虫。每个蚁群里都有几千到几百万只，分工很明确，有蚁王、蚁后、工蚁和兵蚁。白蚁的繁殖能力特别强，一只蚁后一生产卵可达几百万粒，平均每秒钟产卵60粒。

　　白蚁虽然不咬人，但却是极令人讨厌的不速之客！白蚁通常生活在热带地区，也有一些种类生活在温带地区。白蚁的嘴上长着一对能咬断铅丝的锋利大颚，它用这对大颚嚼吃枕木、桥梁、堤坝，甚至连田野里正在生长的农作物也成为它们吞噬的对象。

　　白蚁筑巢非常讲究，它的巢穴分为好几层：底层是坚固厚实的"王宫"，这里经常有大队"侍从"，蚁王担负警卫、搀扶和献食工作。"王宫"周围有许

△ 白蚁

多小屋，住着蚁王的卫队，还有专门的"育儿室"；第二层是大育儿室，室内有数不清的小窟窿，小窟窿里喂养着许多幼蚁；最高的一层是宽敞的"角楼"。在非洲，白蚁筑成的蚁巢竟高达数十米，其坚硬的"围墙"要用斧头才能敲碎。

白蚁虽是形态原始、变态简单，但在进化道路上却获得了极其独特的习性，使得这一古老类群得以生存、繁衍、发展、进化，几乎占领了热带、亚热带的各个角落。全世界已知白蚁种类有3000种左右，绝大多数分布在赤道两旁。东洋区种类最多，有1000种左右，是白蚁分布中心；其次是非洲和南美洲一带，近1000种；澳洲有200种左右；少数种类出现在北美及亚洲北部以及欧洲地中海沿岸。

我国已知等翅目昆虫（白蚁）4科43属522种，主要分布于华南一带，大部分种类分布于云南、海南、广东、广西、福建及台湾诸省，不少种类出现于长江两岸，某些类群可繁衍至华北及东北的辽宁等地。全国除了黑龙江、吉林、内蒙古、宁夏、青海、新疆尚未发现外，其他省市自治区都有白蚁的分布。

会飞的狗之谜

　　会飞的狗和普通的狗十分相似：有着长长的脸，深棕色的大眼睛，长长的耳朵和经常保持湿润的鼻子。它的个子不大，头几乎占全身的1/3。身上的毛很亮，但不太长，全身均为浅灰色。公狗与母狗的区别在于，前者头部的毛为鲜黄色。

　　然而，会飞的狗毕竟又不同于普通的狗。它喜欢用两只后肢（或者用一只后肢）抓住某一突出的物体，从而使头朝下，并使头与身体呈垂直状态。在动物园里，会飞的狗很少飞翔，但经常活动翅膀，其翼展可达0.5米。会飞的狗是非常爱清洁的动物，它们经常长时间地去舔自己身上的毛；大小便时，总是头向上，用两只前肢的爪趾抓住某一物体。

　　会飞的狗拥有敏锐的听觉和嗅觉。它们只吃植物性食物——许多热带植物的花蜜和果汁。它们把食物放在嘴里，仔细地反复咀嚼，用舌头挤出汁来，然后吐出残渣。当它们感到饥饿时，就会发出响亮的尖叫声。在动物园里，会飞的狗同时还吃搓碎的胡萝卜、苹果、黄瓜、甜菜等。它们特别喜欢吃芒果汁、隽梨（热带产的一种果实）汁和番木瓜汁。在自然界里，会飞的狗有时会袭击果园，从而成为果园的大患。

　　科学家认为，这种似狗非狗的动物属于现代哺乳动物中最大的一个目——翼手目。

　　按某些特征而言（例如它们的食物，以及一系列解剖学特征等），某些翼手目，其中包括会飞的狗，又可以划出一个大蝙蝠亚目。从近东到非洲（从埃及北部到安哥拉南部）均可见到会飞的埃及狗。在那里，这种动物十分平常，而在别的地方就较为罕见了。目前，只有在欧洲和美洲的9个动物园里饲养着它们的幼畜。

刚生下来的会飞的埃及小狗，眼睛和耳道尚半开半合，翼上有皱纹，完全处于软弱无力的状态。小狗一生下来，就用爪趾抓住母亲的毛，挂在它的翅膀下面。到第三天，小狗就能张开眼睛、展开翅膀，变得和大狗一模一样，如同大狗的小型复制品。到第四天，小狗已经能活动翅膀，这时它们不再挂在母亲的翅膀下面了。2个星期以后，小狗便能独立生活。有时，它们离开母亲，倒挂在某一物体下面，测试一下自己的体力。会飞的埃及母狗对子女是十分关心的，当有危险时，它们让自己的孩子躲在翅膀里面；平时它们还仔细地把小狗的毛舔干净，这种卫生措施是十分必要的，因为在前5个星期，小狗只会头朝下倒挂着，它们不会像双亲那样大小便。

在出生以后头2个月，小狗一昼夜的大部分时间都处于睡眠状态，只有进食时才醒来，以便活动一下翅膀。令人惊奇的是，尽管它的住所十分宽敞，但小狗仅仅沿着窗框爬行，而从不飞起来。小狗满1个月后，身长为7.5厘米，头为4.2厘米，翼展开可达50厘米，与大狗差不多。同时，小狗已经长出几颗牙齿。

被驯服的会飞的狗很喜欢与人接近。目前，对这种动物的考察研究还在继续进行。

蝴蝶大聚会之谜

中国云南大理有个蝴蝶泉，昔日，每年的农历四月，成千上万只蝴蝶从四面八方会聚泉边，首尾衔接，从树枝上垂下一条条长长的蝴蝶"链"，几乎和水面相接，真是赏心悦目。

蝴蝶为什么会聚会？是什么原因使它们聚到一起的呢？原来蝶类在性成熟期，雌虫能分泌出一种叫性引诱素的挥发性物质，来引诱雄虫。一只雌蝶分泌的性引诱素可能还不到千分之一克，但这足以使方圆几里之内的无数只雄蝶赶来"约会"了，这就是蝴蝶聚会的内在原因之一。

那么，为什么蝴蝶偏偏在大理的蝴蝶泉边聚会？这和当地的环境条件有关系。大理的蝴蝶泉边有棵枝繁叶茂的大树，每年农历四月，这棵大树上鲜花怒放，花儿的样子就像一只只翩跹飞舞的蝴蝶。可能正是树上的花儿，招引蝴蝶来到这个美丽的地方聚会。300多年前，旅行家徐霞客就在他的游记里描绘了大理的蝴蝶会。

其实，蝴蝶聚会并不是大理这个地方独有的。根据记载，在100年前，昆明的圆通山也有过蝴蝶聚会，但现在的昆明人已很少听说过这回事了。

△ 蝴蝶大聚会

为什么这个地方的蝴蝶聚会衰败了呢？有人分析，这可能是由于附近居民增多、游人多的缘故，使蝴蝶转移了聚会的地点。有人曾在人迹罕至的靠近西双版纳的澜沧江边看到盛大的蝴蝶会。

蝴蝶聚会的另一个原因就是迁徙。蝴蝶不仅善于成群飞舞，而且常常跨洲越海迁飞。美洲的大斑蝶，是少数迁徙性昆虫中的一种。每年冬天来临之前，它们纷纷结成庞大的队伍，从寒冷的北美洲加拿大出发，飞到北美洲南部墨西哥的马德雷的山区过冬，形成巨大的蝴蝶聚会。待来年春天，它们又成群结队地飞回北方。每当大斑蝶迁飞时，如云似雪，遮天蔽日，好像黑夜即将来临。远望去，整个山上就像覆盖着一张美丽的花毯子。

蝴蝶为什么要迁飞呢？这是第一个谜。

有的昆虫学家认为，昆虫迁飞是为了逃避不良的环境条件，是物种生存的一种本能行为，与遗传和环境条件有关。

他们提出两种假说：一种认为，迁飞是昆虫对当时不良环境条件的直接反应，如食物缺乏、天气干旱、繁殖过剩、过分拥挤等。另一种认为，某些环境条件的变化，影响到昆虫的个体发育，致使昆虫发育成为一种迁飞型的成虫。

但是上述两种假说，并不能解释许多种蝴蝶迁飞的现象。弱不禁风的小小蝴蝶，为什么有飞越崇山峻岭，漂洋过海，行程3000至4000千米的巨大能量？这股能量是从哪里来的？从动力学角度来看，蝴蝶是飞不了那么远的。这是蝴蝶迁飞的第二个谜。

蝴蝶在天空中是靠什么来定向导航，克服种种恶劣天气，奔向目的地的呢？这是蝴蝶迁飞的第三个谜。早期有一种解释认为，蝴蝶每年按照同样路线往返迁飞是与人类一样，靠记忆识别地形来导向的。后来鸟类学家发现，蝴蝶迁飞时常常跟"暖气流"一起移动。细心的科学家又发现，蝴蝶和蛾子的触角能在水面上振动，以保持正确的飞行方向，是一种天然的"导航仪"。

蝴蝶聚会这一壮景产生的原因到底是什么？目前我们得到的解释没有一个定论，相信有朝一日，蝴蝶聚会之谜肯定会真相大白的。

乌鸦也会推理吗

乌鸦一直是人类讨厌的鸟类，人类总是对其存有偏见。比如"乌鸦嘴"一词是形容不会说话，说话难听。还有"天下乌鸦一般黑"，比喻坏人都是一样的。但是这不起眼的黑乌鸦却拥有绝顶聪明的头脑。科学家通过实验研究早已证实：乌鸦会利用工具，而且会将两件工具配合着使用！

新西兰奥克兰大学的一项研究显示，新喀里多尼亚岛乌鸦能将两件工具配合起来，很快便可以把原来够不到的食物钩出来。这种推理法过去在大猩猩和人类身上最为普遍，然而这些大鸟显然利用了推理法。

在南太平洋的新喀里多尼亚岛上发现的乌鸦会利用它们的喙把嫩枝"削成"钩状，并将树叶啄成尖尖的工具，从而将藏在岩缝中的昆虫或它们的幼虫引诱出来。因此，这些具有"制造"工具能力的乌鸦也变得非常有名了。

为了进一步检测乌鸦利用工具的天赋，科学家同时释放出7只野生新苏格兰乌鸦，对它们动脑筋完成一项任务的能力进行测试。这些乌鸦要完成的任务如下：

一、将一块肉放在盒子里，放到乌鸦够不到的地方。

二、再放一根很短的小树枝，但用它是够不到食物的。

三、再放一根长一点的树枝，足以够到食物，但科学家将它藏起来，放在乌鸦喙够不到的另一个盒子里。

没想到乌鸦做出了令人难以想象的举动：它们首先利用较短的树枝将那根更长一些的树枝拨到盒子外面，然后再利用较长的树枝够到肉。新喀里多尼亚乌鸦敏捷的思维能力让科学家大为吃惊。

最让人感到吃惊的是，大部分新喀里多尼亚乌鸦在第一次尝试时就选择了这种做法。这个难题第一次呈现在它们面前时，7只乌鸦中有六只是这样做

△ 乌鸦

的。它们利用短树枝努力将更长一些的树枝拨到盒子外，6只中有4只成功够到长树枝，然后利用它获得了食物。这也证明乌鸦会借物取物的本领并非偶然的。

科学家们还做了另一个试验，实验中科学家将两根树枝的位置颠倒了一下。科研组发现，除了一只外，其他几只刚开始都设法利用长树枝够到短树枝，但是它们很快就纠正了自己所犯的错误，直接用长树枝获得了食物。科学家表示，这些乌鸦表现出的智商可以与相似试验中的大猩猩的表现相媲美。

科研组认为，因为这些乌鸦能利用它们的第一尝试解决这些问题，因此它们是利用类比推理，而不是反复尝试。类比推理是一个利用以前解决相关问题时获得的经验处理难题的过程。格雷教授说："这些乌鸦并不是利用以前获得食物的其他工具获取食物，因此它们是在利用推理方法来解决问题。"

我们一般会在人类或者类人猿身上看到这种推理过程，但在乌鸦身上也有了具体体现。这可能说明了为什么并不是世界上的所有乌鸦种类，而只有新喀里多尼亚乌鸦会制造和利用工具。现在我们仍然不知道为什么南太平洋中部岛屿上的这种乌鸦会如此聪明，能做出此类令人惊讶的事情，我们期待着科研人员对新喀里多尼亚的聪明乌鸦做更多的研究，以便解开乌鸦推理之谜。

蛇吞象之谜

　　我国古代就有蛇吞象的传说：公元前2100多年，夏朝有个部落酋长后羿，即传说中射日的英雄。他最爱打猎，曾经在洞庭湖边杀死一条名叫"巴蛇"的大蛇，这条大蛇能将象吞入腹内。晋朝郭璞著的《山海经》里，也有"巴蛇食象，三岁而出其骨"的记载。

　　蛇吞象的事，谁都没有见到过。可是，蛇吞羊、鹿、幼猪和牛犊的事却时有发生。在我国西双版纳的原始森林里，傣族人曾经发现一条6米长的蟒蛇，潜伏在一棵大树上。这时正好有一只水鹿从树下路过，大蟒从树上一跃而下，用颀长的身躯把水鹿紧紧地缠绕起来，使水鹿窒息而死。大蟒张开血盆大口，把水鹿吞进肚里。这时蛇身胀得又粗又大，它只能横躺在林中草地上，无法动弹。人们用一辆马车把大蟒和它腹中的水鹿一起拉回村寨，真是得来全不费工夫。

　　1981年，有人在非洲刚果的原始森林中，亲眼看到蟒蛇吞食狮子的情景：狮子到河中喝水，突然大吼一声，挣扎着沉入水中。过一会儿，一条头大如斗的蟒蛇冒出了水面，经过半个时辰，它才慢腾腾地爬上岸来。这条大蟒看上去有十多米长，腹部胀得很大。啊，那肚子里装的不正是"山中霸王"狮子么！

　　1982年10月21日，香港新界地区有条蟒蛇闯进一牛栏，把一头出生刚4天，重约12千克的牛犊吞了下去。大蟒的腹部鼓起一只小牛的形状，胃被牛腿撑破了，只有头和尾巴能够摆动。警方发现这条蟒蛇后，请来一名捉蛇专家，把冷水淋在蟒蛇身上，帮助它把小牛吐了出来。

　　蛇为什么能吞下比自己头部大几倍的动物呢？这是因为它们的体内有一套特殊的构造。我们人的嘴巴只能张大到30度的角度，可是蛇的嘴巴却可以张大到130度，甚至180度的角度。原来，我们嘴巴的骨骼，各关节之间是用"榫头"联结成的，但是蛇却用韧带相互联系。这里，我们不妨做一个实验：人们烧饭时用的火钳，由于用榫头镶嵌着，火钳嘴就不容易张大。如果把火钳分成两片，在榫头的地方缚上橡皮筋，那可就开张自如了。蛇的嘴巴能张得很大，也是这个道理。何况，蛇在吞食大动物之前，已对动物做了加工。它缠绕猎物时，边缠边收紧，直到猎物窒息而死。然后，它把猎物挤成长条状便于吞下。

如果蛇捕到的是一只鸟，鸟的翅膀像两把展开着的折扇，那该怎么办呢？小个子蝮蛇吞食较大的鸟时，通常总是先吞鸟的头部。为了不让鸟儿滑出口外，蝮蛇左右两排牙齿交替做着一系列慢动作：左边的牙齿一动也不动，牢牢地将鸟钩住，右边的牙齿慢慢向前移，把猎物朝口中拉；接着右边的牙齿钩住食物，左边的牙齿向前推移？就这样慢慢吞食，鸟儿那对打开的翅膀，也就顺着一个方向收拢了。

蛇吞食大动物的时候，气管会被堵住吗？不会的。因为它喉头的开口处在口腔底部前方，这里也是气管开口的地方。蛇吞食猎物时，活动的喉头伸到了口外，这样它就不必担心气管被堵住了。大动物在蛇的肠子里会通行无阻吗？是的。要知道，蛇的胃和鸡、兔的胃不一样，它不是圆球状的，而像一只长得出奇的袋子。蛇的肠子也和其他动物不一样，不是弯弯曲曲的，而成了一条直通通的管道。笔直的肠子对于吞下较大的食物，是十分有利的。

鲨鱼也能救人吗

1986年1月5日，美国佛罗里达州立大学教育系学生罗莎琳到南太平洋斐济群岛旅游观光，当乘游轮返回时经过了马勒库拉岛，航行了约半个小时，罗莎琳忽然听到有人高声喊叫"船漏水了！"顿时船上乱作一团。罗莎琳急忙穿上船上预先准备着的救生衣，和两位一起去旅游的同学挣扎着爬上了一条救生艇。这条救生艇上挤着十八位逃生者，由于人太多，救生艇太小，因此随时有翻沉的危险。小艇在波涛中颠簸了两三个小时以后，远处出现了一线陆地。罗莎琳回头高声喊道："胆大的跟我游过去，陆地不远了。不要再坐那该死的小艇了！"说着率先跳入海中。接着就有七八个人跟着她跳入海中。

在学校里，罗莎琳是出色的游泳能手，但此时海里浪头太大了，她无法发挥自己的特长，只好让水流带着她往前漂。

罗莎琳在海上漂泊了几个小时。暮色渐渐地笼罩着海面，一轮明月冉冉升起。忽然，她看到远处一根黑色的木头迅速地向她漂过来，后来她定睛一看原来是一条八九英尺长的大鲨鱼！罗莎琳惊恐万分，她感到自己已死到临头了，此时她已绝望了。

鲨鱼凶神恶煞地撞了她一下，然后就张开大口向她咬了过来。但奇怪的是它没有咬着罗莎琳的身体，而是咬住了她的救生衣，用那尖刀般的牙齿将救生衣撕碎。这条鲨鱼围着罗莎琳团团转，还用尾巴梢去扫她的背。突然又有一条鲨鱼从她的身底下钻了出来，随即在她的周围上蹿下跳，最后竟潜下水去在她的身下浮了上来，把罗莎琳托了起来，罗莎琳就像骑在马上似的骑在鲨鱼背上！

第一条鲨鱼还是在她身边兜圈子，接着她骑的那条鲨鱼又悄悄地溜走

△ 鲨鱼

了。随后这两条鲨鱼又从她的左右两边冒了上来，把她夹在中间，推着她向前游去。

到天亮的时候，这两条鲨鱼仍然同她在一起。这时候罗莎琳突然意识到原来在这两条鲨鱼的外围还有四五条张着血盆大口的鲨鱼在追逐，它们的眼睛始终在盯着她，口中露出一排排钢刀般的牙齿。每当那几条鲨鱼冲过来要咬她时，这两条鲨鱼就冲出去抵御它们，把它们赶走。要是没有这两个"保镖"，罗莎琳早就被撕得粉碎了。

当暮色再一次笼罩海面时，这两条鲨鱼还一直在陪伴着她。突然她听到头顶上有嗡嗡声，抬头一看，是一架救援直升机。后来罗莎琳顺着救援绳梯，爬上了直升机。罗莎琳从天空中低头往下看，救自己命的那两条鲨鱼已消失得无影无踪。

罗莎琳被送往医院治疗。她后来得知这个海区经常有鲨鱼出没，其他跳入海中的人都已失踪，显然是都已葬身鱼腹了！

这两条鲨鱼为什么要阻止同类的凶恶行为，会救罗莎琳的性命呢？难道它们是把罗莎琳误认为自己的同类了吗？许多生物学家也对此非常迷惑，或许鲨鱼对人类也有某种特殊的感情？至今，这个鲨鱼救人之谜仍没有解开！

白兔自燃现象之谜

比时布鲁塞尔一个研究所，养着些用作医学实验的白兔。一天，一位研究人员突然发现有一只白兔出现了不正常的哆嗦。他用手轻轻抚摸它的背部，试图使它镇静下来，却发现它背部很烫。几分钟后，白兔便自燃起来，一只活生生的兔子在眨眼间剩下一堆灰烬，一个小生命就这样结束了。当时笼内外并没有任何火源，纯粹是一种自燃现象。

有人解释人体自燃时，认为自燃者可能是由于情绪不稳、体内的磷积累过多、体内存在着一种比原子还小的"燃粒子"、地磁能量冲击等原因造成的。这些解释其实都是猜测，不能令人信服。情绪不稳定的人随时可见，而"自燃"的却很罕

△ 白兔

见。那么白兔自燃难道也由上述因素造成的吗？目前，科学家们还没有找到动物自燃的真实原因。

鲸是陆地动物还是海洋动物

几年前，以美国密执安大学菲利普·金格里奇教授为首的古生物学家探索队，在亚洲巴基斯坦的喜马拉雅山脉的山麓小丘处，发掘出一些奇特的古鲸化石遗骸，经过多年的精心研究，最近确认它是古代四条腿的陆生鲸，从而提出地球上曾经出现过陆生鲸的理论。然而，许多古生物学家对此半信半疑，他们认为，根据文献记载，凡鲸都生活在水中，金格里奇等人发现的一些古代陆生鲸化石是否确实值得怀疑，因为科学家们在鉴定一件新奇标本时，有时会出现偏差。

金格里奇等人发掘的古鲸化石遗骸，经研究具有5000万年的历史，它是头骨的一部分，包括：几颗牙齿；一个遗留得十分完整的中耳，经测量有1.8～2.4米长，重达157.5公斤；一个狼形的吻部，其中一只腭上还着生着数枚尖利的三角形牙齿。他们根据获得的这些化石标本的研究，才推测出这种祖先古鲸原来生活在陆地上，以后才逐步迁移到近海岸生活，取食于兽肉和鱼类。最后被沿海丰富的鱼群所吸引，促使它们渐渐地向海洋靠近，改变了生活习性和形态构造，把海洋变成为自己的家乡。

关于鲸类的进化，与大多数动物由水生向陆生发展的情况不同，它是从陆生向水生发展而来的。至于鲸类的祖先究竟是谁，科尔伯特在《脊椎动物的进化》一书中写道："在所有哺乳动物中，鲸类（鲸和江豚）当然是最不典型的，在很多方面已经从它们原始的真兽类祖先发展到最高度程度了。这些哺乳动物必定有一个始祖，但在鲸类和白垩纪的祖先有胎盘类动物之间，在化石记录中还没有找到确切的中间类型。"所以科尔伯特着重指出："现今对鲸类的祖先还是一无所知。"

金格里奇等人认为，今天生活在水中的现代鲸类，是由古代的四条腿的

△ 鲸

陆生鲸演变而来的。因为在他们所获的化石标本中，中耳是最有说服力的证据了。他们分析后，发现古代陆生鲸具有明显的耳鼓，左右耳骨彼此分离，这就确证了它们是生活在陆地上的。因为现代水生鲸类没有明显的耳鼓，仅存在着退化的耳鼓残迹，而且左右耳骨是相连在一起的，所以水生鲸类能够分辨出水下声音发源的方向。

目前金格里奇等人的这一发现，还没有得到国际古生物学界的公认。有的学者赞同他们的观点，认为现代的水生鲸类可能是由古代陆生鲸发展而来的；有的学者认为他们发现的古代陆生鲸，可能是鲸类进化史中的中间类型；有的学者则对这一发现表示怀疑，认为获得的化石材料实在太少了，不足以说明问题。

蜂群女王之谜

蜂群一直坚持着它们社会性的合群生活。

在很多种类的蜂群那里，我们几乎都无一例外地发现，对应于人类的女权主义者，蜂群中的女王简直有过之而无不及，只要女方看中了谁，它就根本没有选择的余地，它不但要陪女王交尾，而且还可能为此搭上性命，然而身为雄蜂，本身就意味着别无选择，道理就是这样不近情理的简明。

先来看看姬蜂的社群，它们中的雌蜂都有一个产卵管，可以随心所欲地刺入她想刺的牺牲者体内，姬蜂就是这样把卵产在其他昆虫的体内。这样它们的幼虫一生出来就有"肉"吃。

只有雌姬蜂才有这根产卵管，因此也只有它才有这根又可当武器使用的螫刺。很明显这根螫刺还是用来对付蜂王的锐利武器。

黄蜂也使用同样的方法产卵，这是它的主要职责，因为产卵，所以它又被称为女王。

女王在秋天交尾之后，满心愉悦躲在一边去冬眠，等它再醒过来时，就自己筑巢产卵。这第一批卵都是雌性，但是它们都不会生卵，因为这会危及女王的地位以及实惠的交配权，所以，这批雌卵只孵出工蜂。这是女王特意造出来做保姆的，接着女王又开始专心致志地产卵，它可没闲工夫，因为它的劳动牵涉到整个家族的兴衰成败。

女王产下的后几批卵中一部分发育成雄蜂，一部分成为雌蜂，这些蜂刚一发育成熟，又另起炉灶，跑到别处去交尾，雄蜂交尾过后不久就死去。

一些黄蜂脱离了蜂群，它的产卵因此成了问题，于是，只好又飞到别的黄蜂的窝中，把卵留给别人去代养，好在这种"私生子"从来不会被黄蜂群遗弃，尽管只是养母，它们还是从不歧视这些无辜的生命。

所有的雄蜂都想讨好女王，因此它们便努力把房子造得漂亮，以便得到女王的宠幸。

蜂群显然是典型的"一妻多夫"制，然而，这种特殊的社会关系反而使蜂与蜂紧紧地团结在一起。

再来看一看土蜂，土蜂的女王在秋季求偶后冬眠，春天一到，就找一处废弃的鼠窝开始做蜂房，同时它还会做一个盛蜜的器皿，一切停当，女王开始产卵，饿了就啜吸点蜜。

这是一位勤劳的女王，它在成为一个土蜂群落首领的同时，也成了最勤奋的普通工作者，它还会自己孵卵，一连四五天地坐在卵上，用自己的体温与那些跃动的生命交流着。

这些卵不久孵化成工蜂，专门负责建蜂房和储存蜜汁。女王则一心一意地产卵。

一批批卵就这样生产出来，一批批的工蜂和雄蜂在严冬前死去，女王从不悲伤，它已习惯这种死亡，同时这死亡让它更加勤奋地产卵。

最后让我们来谈谈蜜蜂。它们的合群生活可比土蜂要复杂得多了，假如一只女王要独立出去，另立山头，会有一批工蜂也跟随去的，这是它的帮手，这些成群的帮手很快便物色到一个可以做窝的地方。

工蜂还是不停地造蜂房，女王不停地产卵，在工蜂们分得很细致的蜂房小室之间跑来跑去，到处都产点卵，到处都在孵化，这个集体是可壮大到8万只成员的。

蜜蜂多了，又得分窝，女王总是能按照需要的比例育出雄蜂、女王和工蜂，比例不能乱，这是根本，给新女王造的小室显然明显大于其他种类的蜜蜂，新女王自小就知道自己高人一等，刚一成熟，就忙不迭地飞出去搞一次飞行婚礼，作为新婚的仪式之一，是交配过后的雄蜂立刻被杀死，它们都是些不幸的短命新郎。

动物白头偕老之谜

比较起来，鸟类是倾向于单配性的，它们要一起迁徙，一起在同一个窝中过夜，甚至嘴对嘴地给对方喂食，这种受生活习性影响形成的事实上的夫唱妇随，大大加强了鸟类的单配形式，唯一有区别的是，天鹅不属于那种偷偷飞走几天，或随时找借口出去过一段私通生活的婚外恋者。

哺乳动物明显有着比鸟类更复杂、带有情绪的本能活动，这就是它们并不想拥护"一夫一妻"制度的原因，同时哺乳动物中很少有像鸟类一样共同承担家庭责任的行为，满足了口腹和性欲之后，它们会毫不犹豫地转身就走。留在家中的"父亲"们也有一些，比如有豺、狐狸等少数几个种族，它们对配偶忠贞无比，一旦结合，终生厮守。

在所有哺乳动物中，至今坚持"一夫一妻"制的成员已为数不多了，豺、狐狸是它们中的典型。

我们几乎每个人都在有关天鹅的音乐和舞蹈中做过对天鹅的种种猜测，但即使不加任何臆想只闭眼静静地想一想，我们也能感觉到一只身披洁白羽毛的尤物，正在蓝天白云之间穿行着，在碧水绿草丛中游弋着，它们姿态优美、恬静、娴雅，举止凝重、秀丽，它们一直就是纯真高洁的象征和善的天使。

世界上共有5种天鹅：号声天鹅、小天鹅、大天鹅、黑天鹅、黑颈天鹅。

小天鹅是天鹅中体形最小、最活泼的一类。它纯洁高雅，全身洁白，只有嘴部稍呈黑色；大天鹅浑身呈乳白色，嘴端有黑色，嘴基部呈黄色，这就是一般常说的天鹅；黑天鹅是一个别致的族类，它们浑身羽毛黑褐而卷曲，嘴巴却灵巧地饰有红色，它们的体形大小和白天鹅没有什么两样，唯一的区别就是黑白之分；黑颈天鹅一身洁白的羽毛，只在头颈部的羽毛呈一圈黑色，在嘴基部还长着一个又大又美丽的红肉瘤，这使得它们虽然没有了白天鹅那样的圣洁和神秘，却变成了好像邻居家养的某种可人的生灵那样亲切、自然。

我们最后来看号声天鹅，这是天鹅中体形最大、最美的一类精灵，浑身雪白，体态雍容华贵、美丽大方，红嘴巴，黑疣鼻，仿佛是圣洁的白羽仙女。每当它们群集于湖中时，整个湖面成了一幅流动的图画，白羽、蓝天、碧水，恬静优美，相映成趣。这类天鹅叫声独具特色，原来它们的气管上有个额外的换气孔，所以叫出来的声音有点像锈蚀的法国小号：圆阔、沙哑、强劲、低沉。

一群号声天鹅正在细心地梳理着它们轻柔而美丽的羽毛，它们的梳理方式很特别，弯过细长的脖子，用嘴和脸在羽尾之间来回摩擦着，尾羽上有防水油腺，这对它的脸和嘴来说是自产的化妆品，这种化妆品滑腻、润泽、清爽，天鹅弯曲着它们富有弹性和韵律的脖子，整个身子也仿佛一起在跟着灵动、收缩，全身柔美得像一个艺术体操的舞者。

没有来得及看它们交尾，也许已经交过了，不过那一定也像一首充满诗情画意的田园赞美诗。

号声天鹅不沉溺于性爱，它们习惯于"一夫一妻"制的家庭式性生活，这也许正是保持它们高贵、纯洁的一个必要条件吧！

号声天鹅在交配后开始筑巢，夫唱妇随，由于雄性知道雌性产卵的痛苦，主动承揽了筑巢的繁重活儿，它四处收集来芦苇、芭茅，然后集中运送到巢穴的周围。这是一个长满植物的泥泞的堤岸，上面有一些麝鼠留下的现成的窝，巢穴就准备搭在窝上边，雌天鹅很快拿出了自己关于巢穴的设计方案。

几天的忙碌后，雄天鹅有点儿累了，在一旁看着雌天鹅筑巢，一边警惕地注视着周围的动静，假如有强大的敌人来犯，也许它们的工夫都白费了。

新建的巢穴相当舒适，雌天鹅显然很满意，于是钻了进去，准备产卵。

雌性号声天鹅不紧不慢地产卵，每隔一天产一只，共有6只，产卵的间隙，雄天鹅殷勤地弄来许多浅水鱼虾等小生物，这可是雌天鹅喜欢吃的东西。

孵化的时间得持续一个月左右，雄天鹅一边寻着食，一边巡守它们的疆界。

小天鹅在母天鹅的精心孵化下全部出生了，正在这时，敌情出现了！一只小狼鬼鬼祟祟地靠过来，雄天鹅怒火万丈，吃力地叫着，扑着翅膀

△ 天鹅

准备与来犯者决一死战，可别小看天鹅的翅膀，它们可以一下将其他鸟类的脊椎骨打折。

出于安全上的考虑，雄天鹅在小家伙们出生几个小时后带它们下了水，水上要相对安全得多。小家伙们生长很快，一天后就可以吃小甲壳类动物和水栖昆虫了。

等小天鹅又长大了一些，母天鹅带着它们回到了巢穴，雄天鹅继续去觅食，供养一家子的伙食。

狐狸习惯整夜来回不停地寻找食物，它是一种不完全的夜间活动家，所以它们经常在白天也会露面。

狐狸在光天化日之下充分暴露了它们一脸疑惑的嘴脸，这可不怪它，主要是它们的长相引起的误会，当然，它们是有些狡诈，并且它的这种品质在人们心目中已经根深蒂固。

还是先把狐狸分成城市和乡村两大类吧！狐狸在城市能找到足够的食物，吃不完时狐狸会把它埋起来，可它们拙劣的储藏技术并不保险，其他狐狸很快找到了埋藏地点的线索，唤来同伴，联手打劫的狐狸很快靠近了食物，一只放哨，一只立即动手挖食物。偷窃总是很顺手。

狡猾的狐狸便常常被更狡猾的狐狸战胜了。

乡下的狐狸很惨，为了糊口，它们虽常常整夜劳作，可是被细心的家庭主妇看管极严的鸡舍里的鸡是不容易被偷走的。捉耗子时又常常遇到猫。没办法，乡下狐狸因此饿得常常大叫不止。

城市中的狐狸可真叫胆大，它们各占据一家人的花园，隔着栅栏，鼓噪出求爱的尖叫声。

这种古怪而尖厉的声音一直会在求爱期间此起彼伏。狐狸只偷东西，可从不偷情，它们光明正大地喊叫着恋爱。雄狐狸的喊叫很快有了回应，一只雌狐狸在一堵墙外发出了信号。雄狐狸翻过墙去，叫着去与应征者相会。这是一场不那么轻松的求婚，雄狐狸必须保证降低姿态，团团游走在雌狐狸身边，雌狐狸还是怀疑着它的求爱者，不理不睬，好歹恋人已在身边，不用着急，而且再逗它一下又何妨？雌狐狸是有这心眼的。这一逗弄又用去了3天，雄狐狸终于可以靠近雌狐狸的身边了。

在狐狸的恋爱过程中，还可常常看到成群的幼狐好奇地围观哩！狐狸可不管这些，它只在乎彼此之间的爱情。

当它们终于结成夫妇后，因有过第一次交配，雌狐狸显然比第一次更喜欢与雄狐狸调情。它开动脑筋，调动着所有雄性动物都无法抵御的、极端的亲密来诱惑着它的配偶，让雄狐狸不得不认真对付，有时显然是应付，可它已十分安心地把自己固定在这张情网之中，它对配偶极其忠诚，一副发誓做好称职丈夫的样子。

分娩前的雌狐狸要躲开一阵子，逃到荒凉而闭塞的地方，它需要

△ 狐狸

安全，一个母亲需要的安全。随后雄狐狸也跟了去。

大约7个星期后，小狐狸出生了。在雌狐狸分娩的时候，雄狐狸总是守在一旁，它很着急，可又帮不上什么忙，它即将为父，显得激动、惊恐、不安。母狐狸生完4个小狐狸后站起身来，四周看了一看，团着身子把这些瞎眼的小东西揽进自己的怀抱，它要为孩子保温，然后再一只接一只帮它们舔干净，在它们能睁开眼睛的前两个星期，它必须一直这样用自己的体温给孩子们取暖，须臾不离。

雄狐狸终于有了表现的机会，它开始不停地出门找食，老鼠、地松鼠、小鸟、鸟蛋，能带回什么就争取多带回什么东西。哺乳的母狐狸胃口很好，小家伙们也可日渐吃食了。雄狐狸真够累。

小狐狸长到5个月大时，还在吃奶，它们的牙齿日渐发育完善，有时不小心会咬痛母亲的乳头，母狐就知道断奶期将至了。

这是雄狐狸最紧张忙碌的一个季节，因为除了配偶以外，每个小家伙都要它供养了。

幼崽长到了7、8个月后，就算成熟，不仅表现在体形上，而且在性发育方面也很明显。雄狐狸可不打算把自己的交配权放弃，在面对日益躁动不安的后代对自己性领地骚扰的尴尬情景下，它果断地采取了敌视的对策，并找借口把它们远远地赶出家门。

这就是忠诚老实的雄狐狸，它一直就是这样，盼望与它的配偶生活在一起，假如运气不好，跟定的是一只不会怀孕的雌狐狸，它也愿意与它终生相守，而且这绝不妨碍它为其它的小狐狸义务捕获猎物。

豺、狼、虎、豹都是凶猛的动物，古人一直把豺列为四凶之首，足见这家伙不逗人爱。

豺是如何博得如此恶名？在四大元凶之中，它个头最小，力气最差，为何还能如此逞凶作恶？

豺又叫豺狗，是野犬的一种，常栖息在山地、丘陵地区，既耐寒冷，又耐酷热，一般是10~20头成员集体作战，遇上斑马、羚羊、马鹿，它们先是紧紧跟随，乘敌手不备，跃上背去，迅速对准猎物的肛门，连抓带咬，猎物热乎乎的内脏立刻稀里哗啦扯出一大片，连凶猛的野牛也不得不防着这一招。

豺的招数如此阴狠，常常围攻畜群，即使连猎人们都一直忌讳捕豺。

但当我们有意把目光转向豺的感情生活时，我们就会惊奇地发现，它们原来竟是如此美丽动人的一群生灵！

豺一生都过着稳定的家庭生活，它们只恋爱一次，与伴侣终生相爱，并厮守一辈子！

在一个豺的大家庭里，一般有一对成年夫妻，它们是这个家庭的中心，其他成员包括小豺以及小豺的叔伯阿姨。

成年豺夫妻负责着一大家子的起居以及围猎。在抚育幼豺方面，雄豺和雌豺责任均等，任务相似，而且是不分彼此，在一些日常琐事上，双方均争着干。它们是一对十分默契和友善的恩爱夫妻，如果雄豺出去觅食，雌豺就留下来照顾着小豺，并负责收拾家庭日常杂务，夫妻一方如果出门捕食太累，另一只豺会主动换班，出门捕食，不论是谁，都对幼子爱护备至，夫妻与孩子待在一起时，都尽情地享受着其乐融融的天伦之趣。

一只母豺这次是单独出门捕食，为了孩子，它不厌烦地离家跑出很远，一只疏忽大意的小羚羊很快就成了它的口中之食。

母豺咬死了小羚羊，很快就把它撕成两半，它惦念着孩子，这只小羚羊够它们吃两顿的了，然而它不敢怠慢，鬣狗和秃鹫是草原清道夫，说到就到的，母豺没有帮手，不然它们可以各叼一半迅速跑回家中。叼着猎物通过重重食肉猛兽的视线的包围圈是危险的，但为了孩子它不得不这样做，眼下的主要麻烦是只有先把一半羚羊就地掩埋，然后叼走另一半先回家去。如果要想保险，只有把猎物吞下去，但现在它没有时间磨蹭了，毕竟它离家太远。

母豺叼着半只羚羊安全返回，雄豺过来迎接，看到母亲的小豺也用不停地舔嘴和使劲摇动尾巴来表达着内心的喜悦。

小豺还不能吃食，夫妻俩立即就将半只羚羊分食，然后反刍，几只小豺齐齐地伸出脖颈，十分听话地接受着父母的喂养。

在这个豺的家族里，还有几位特殊的成员，它们是上一窝留下来的帮手豺。虽然它们已长大了，但它们还舍不得离开这个家庭，父母肩头的责任太重，它们自动地留了下来，义务承担着保护和喂养小豺的任务。为了幼豺不至于发生食物之虞，它们还需常常配合父母出门猎食，主动分担一些苦活，并在食物匮乏的困难时期，亡命地出门捕食，而自己却通常吃得很少。

一个豺的家族有着它们固定的领地，一旦认准，一生都很少改变疆界，这是它们的家园，它们用自己的尿液在边疆做出标记，然后放心地捕食从甲壳虫到羚羊的一切食物。

豺群占有自己的领地，但它们并没有拥有主权，值得深思的是，豺夫妻出发觅食前，如果是一起外出，则做两次标记，如果单独一只外出，就只做一次，假如其中的一只豺不幸死去，经由它常做标记的那块地方就算自动放弃了，寻踪辨味而来的另一只豺便可名正言顺地进占这片领土了。

对于豺家族来说，比较烦心的是它们没有找到一种有效的空气清洁剂，小豺在一个窝住上3个星期，气味恶臭难闻，细心的父母只能给它们搬一次家。搬家是有危险的，对于哪里有一窝小豺，食肉动物们早已通过气味了解得清清楚楚，它们一直就在等这个大好机会哩。

垂涎欲滴的鬣狗终于在豺搬家途中溜了过来，它们直直扑向了豺的老家，两只毫无保护的小豺因而未能幸免。

3只小豺幸运地活了下来，除了豺夫妻，还有3个已成年的帮手豺，这3个帮手都是雌豺，它们性格各异，其中有一只已呆在家里近两年了，豺夫妇决定将这只已到婚配年龄的成年雌豺劝走，一来小豺不再需要那么多帮手，二来耽误了儿女婚姻大事也有些说不过去。

这只成年雌豺一步三回头地走了，它已把青春贡献给了自己的家庭，但同时，它也学会了将来照顾自己孩子的一切技巧，它必须去开始组建自己的新家庭，为了整个豺的种群的继续繁衍。

雌豺都是这样被赶出了家门，它们走到哪里，都会带着它们那一对V字形耳朵，都只会实行单一的配偶制。

在世界上的哺乳动物中，只有3%的动物具有这种美德。

凶猛野兽中的模范夫妻之谜

狼、狮、鬣狗，它们都是长相凶恶、以疯狂的杀戮能力而闻名的动物。但是，我们在试图找出这三种动物的共同特点时就会发现，这是三种家庭观念极强的动物。

先说说狼，狼是以其长相凶恶、杀戮残忍而闻名的，然而，这种在童话中屡屡坏透顶点的家伙，确实有着哺乳动物中最称职的母亲，以及可亲可敬的好父亲，甚至包括慈眉善目的"狼外婆"。

狼群通常靠它们丰富的叫声来互相联络。一只头狼对空号叫，群狼应和，立即就确定了各自的位置，以及在哪里会合，包括有没有空走得开。狼群纪律严密，作风干练，在它们长达数小时甚至一周的集体追踪猎物中，如果没有严明的指挥和团结一致的步骤，是不可能赢得战斗的。

狼群在大规模的跋涉过程中，公狼总是会花很多时间和精力在它的幼崽身上，它们很清楚自己做奴仆的职责，主动承担，争先表现，而且从它无微不至地照顾后代方面，不会让人理解成这是它们的义务，它的确只是一种职责、一种本能。

公狼扮演着狼群中的保姆角色。有一只公狼是领导成员，在这个大家庭里，除了管事的雌狼双亲之外，还有幼崽，一些叔伯姨婶，包括"外婆"，一家子和睦共处，其乐融融。幼崽享受着温馨的照顾，它们是被寄予希望的一代，既然生下来了，就该得到照顾，但是狼群总是能很好地控制着整个狼群的数量，而不是追求一味的贪玩之乐，生下一大堆无力喂养的后代。狼群知道对后代最好的爱护就是不让它们的兄弟姊妹过多，否则哪只也照顾不好，从而剥夺了它们应享受的一部分生存权。

像狮子一样雄壮而勇猛异常，它的咖啡色的脸面既温柔又强劲，看起来，有熊的面目，有雪豹的成分，甚至有一点海狮般驯服可爱的味道，这种总体上不太令人信服的体形设计使它能奔跑很长路程离去追猎物，并且总是体力调整和分配得恰到好处，它的前胸和后颈啮合得极为紧凑的肌肉使它们扑击猎物带有毁灭性，这种生动的威猛甚至还表现

△ 狼群

在它们大块吞咽食物时的风卷残云，它们从不咀嚼食物，造物主最初就是这样安排的。

在公狼身上，我们可以看到满足于与同一位配偶生活一辈子的好父亲的模范榜样，这也许有母狼的世袭地位的震慑作用。但是如果一只母狼遭遇到不测，比如枪击、或是陷阱铁夹、或许是被更强大的敌手所伤，作为与母狼一同走过风风雨雨感情历程的公狼仍是不改初衷，它也许会舍身相救，也许会很长时间伤感不已，不忍离去。

公狼与一只母狼结成配偶以后，它会立即把原来用来照顾幼崽的精力用在照顾母狼的起居上，它们会建一个温暖舒适的家，这是它们忠诚和相敬如宾生活的基础。公狼的家庭意识十分强烈，它会时常留意周围的敌情，当发现某地有陷阱时，它不仅会巧妙地避开，还会提醒自己的配偶。它们不会过分贪恋性爱之乐，当母狼怀孕时，它出去得更为殷勤，想办法带回来各种母狼爱吃的食物，并悉心地加以照料。幼崽在这种家味十足的氛围中按时出生了，增丁添口，公狼更感到自己肩头的责任重大，它更频繁地出门捕食，这时母狼也一同外出了。危险时常都存在，好在夫妻一道，互相悉心照顾，公狼在危险来临时甚至奋不顾身地把威胁远远地引开了去，以保证母狼和幼崽的绝对安全。

温柔而细心的公狼遵循着它们种群的固有方式生活着，它们是典型的好父亲。

狼群是一个特殊的群体，在捕获食物后，它们是会按资排辈地进食，等级制度十分完善。狂暴的进餐行为客观上也培养了雌性的进攻性，因为围绕吃食形成的特定规则和性情是最为稳固的，母狼对着一群嗷嗷待哺的下等狼多看几眼，也自有其三分威慑力。但母狼仍旧必须不停地进攻才能保证其幼崽分享到足够多的食物。

母狼是一位胆大心细的家庭主宰者。它是一个狼群的主人公，它与它姐妹、姨姑、母亲和儿女生活在一起，尽管那些态度极好的雄性成员都在极力扮演着一个好父亲的角色，可它们还是不得不看母狼的脸色行事。而且，为数不多的公狼长大后必须离开这个家庭，把地盘永久地留给一群雌性狼群。

狮子是世界上唯一群居的猫科动物。

如同人类的幼年需要学习一样，幼年狮子要花费很多时间学习狮群的种种规矩，包括如何捕杀猎物，如何确立边界，如何讲求秩序，如何让强者先进餐。强者先行进餐是它们特有的规矩，祖先是这样传下来的，这主要是考虑到种的繁衍，必须保证一些拥有良好基因的狮子优先存活、发育、交配。

从表面上看来，狮群有着典型的"男尊女卑"的"封建意识"，公狮把大部分时间花在睡觉上，它们一天就要睡20多个小时，睡醒以后，就到围猎的母狮群旁赶走其他狮子，独自享用猎物。公狮总是能在猎物到手时及时醒来，它们基本上不参与围猎，但从维护整个狮群的稳定来看，一个狮群中有两头雄狮的存在，通常就能使大部分入侵者不敢放肆地侵入。边界的争斗是难免的，但在这个关键时刻，雄狮会毫不犹豫地负起保卫家园的重任。

雄狮通常在灌木丛中撒下自己的粪便以做标记，并以此作为对入侵者的警告。

狮子没有一个固定的发情季节，在狮子的求偶过程中，常常是母狮主动求爱，这位因时常得不到上天足够暗示的性冲动者，每每总是等到那呼之欲出的原始躁动来临之时，才开始急忙想办法应付。

母狮就这样急匆匆地跑出去，它那悄无声息、硕大而又有如垫子一样的爪子重重地踩在地上，焦躁不安，它充满饥渴的目光在领地与苍天之间寻找着，寻找一个可与之交配的对象。然而，刚好与它同时处于发情期的雄狮是可遇不可求的，它只得不停地把混合着体味的排泄物四处撒播，表明自己的性亢奋，这种暗含着发情信息的"通知"对雄狮来说也是可遇不可求的，它的性欲很快就被调动起来。

一对狮子在互相寻找着，不过这种寻找在雄狮那里好像又不太难，双方都知道了是谁在发情，发情到什么程度，随着体内的躁动不断升级，它们很快就循着粪便的踪迹跑到了一起。

虽然狮子的性爱是与粪便联系在一起，然而这并不表明它们是只知道追求低级趣味的动物。狮子把发情委婉地"摆"出来，而不像其他动物那样为着交配一味地死磨硬缠，它们既直接，又有些矜持。这就是距离美。

应该指出的是，虽然是母狮常常主动求爱的，但这种求爱中性的意义并不太大，更多的像是一种母亲的天职，它要生育，要获取做母亲的权利。

斑点鬣狗从视觉上看起来的确很"脏"，但事实上人们对此了解并不多，可以达成共识的是：它的臼齿特别粗壮，咬肌十分发达，可称得上动物界中咬骨头能力最强的野兽之一。

鬣狗与猫科动物中麝猫、猫鼬有着血缘关系，经过长时间的进化，体形如大狗，头短而圆，前肢比后肢长而强健。如果根据它们的生活习性来判断，它们像狼那样自己捕猎，人们长时间以来把它当食腐动物的看法是没有多少道理的。

鬣狗吸引人注意的地方，首先在于它们有一个组织严密的社会体系，这点与野狗近似，但在这个组织内部成员的关系上，它们又接近于狼，它们是由雌性来统治。在一群行进的鬣狗中，走在前边的一定会是一只比公鬣狗还强壮的雌性——它不是一位老太君，更多的像是一位坐阵中军的将领。

鬣狗见面时，要相互致意，通常的礼节是用暴露身上最容易受到攻击的部位表示恭维和信任，人类沿袭至今的握手礼，最初也是因为让对方放心自己的手中没有凶器，道理上是一致的。鬣狗的这种高明的致意方式在减少了行礼者的侵略性之外，也给整个鬣狗群增添了团结、和谐而有秩序的气氛。

鬣狗还用叫声来互相传递信息，在一个大约80只成员的集体中，互相保持友好和共同承担一切事务是必要的，这时叫声尤为重要。在鬣狗20种叫声中，有一种是发"嘀嘀"的长音，是非洲草原上很有名声的一种特殊声音，它很接近人类的吆喝，简单翻译一下，大概是这样：我在这儿……你呢……你那儿还有谁呀？

邀约一道的鬣狗时常在边界巡逻着，它们有接近20平方公里的领地需要捍卫主权，主要是针对妄想侵犯边界的其他鬣狗群，当然，也有一些大型肉食动物。

鬣狗没有固定的繁殖季节，鬣狗们用来生产的洞穴是土豚挖的，稍加修整即可，不久，母鬣狗先后生产，大都产下1胎2仔，刚生下的小鬣狗是黑色的，这也许是为了它们要在洞穴内过上18个月暗无天日的穴居生涯设计的吧？它们都在大约3斤左右，刚生下时眼睛就睁开了。

小鬣狗前半年只有通过吃奶来生存。为此，当母亲的只有不停地出去捕食，以保证有充足的奶水。母亲要外出时，小鬣狗都老老实实地待在家里。

这个家就是它们共用的洞穴，可别以为母鬣狗不在时，小家伙们会缺少照顾。实际上，在洞穴外边，一直就有许多母鬣狗在守着，或帮饥饿的小家伙弄点吃的，或是牢牢地保护着它们的安全。这些鬣狗通常会换班值守，以求保证大家都有进食的机会。

除了斑点鬣狗之外，还有一种褐鬣狗，关注一下它们的生活，更能给鬣狗家庭一个准确而全面的形象定位。

这类褐鬣狗生活在博茨瓦纳境内的卡拉哈沙漠。在一个褐鬣狗家族内，小鬣狗们也是被集中在一个巢穴里来养育的，这个巢穴可同时容纳家族内的所有幼儿，这在建巢穴之初也许就已考虑到了。

母鬣狗每天出去捕食，但会定时回来喂奶，每天两次，大致半年之后，断奶后的小鬣狗被送到另外一个地方集中，由统一分派的专门的母鬣狗"保姆"来照料，这可以看做是一个由襁褓转入"托儿所"的过程。在"入托"之后，母鬣狗还会隔几天回来看一次孩子，每次带回一份丰富的礼物——都是孩子们喜欢的肉食。这么多肉食是吃不完的，保姆会把它们储藏起来，按时发放。如果母亲有事耽误了，还有其他的母鬣狗也会代送来小家伙们需要的食物。

节肢动物捕猎之谜

　　蜘蛛丝已知是自然界强度最高的纤维。即使铜丝拉细到同样直径，也没有蜘蛛丝坚韧。南太平洋一种蜘蛛的大网，非常结实，可用作渔网。美洲热带地区有一种蜘蛛的网丝也特别坚韧；而且产丝量多得出奇。一位科学家曾经捉一只这种蜘蛛抽丝，以每分钟抽出6尺的速度，抽到450英尺才停止。其实那只蜘蛛仍可继续造丝。

　　大家想到蜘蛛网，脑子里总是浮现出蜘蛛织的环网图像。可是，蜘蛛织出的罗网不止是这种环网。以一般蜘蛛网来说，它是由数百条细丝在较粗的架丝间编织出来的，蜘蛛躲在网缘或网下，伺机冲出来捕捉被缠住的猎物。

　　其他蜘蛛织出形状不同的网，草蜘蛛织成的网无定形，但一端狭窄，常通到石头底下或碎石堆中，蜘蛛就守在那里等待传来表示粘住猎物的振动信号。地蛛织的长条形的丝管子，从地下洞一直连到树干上。丝管上还用岩石碎屑做伪装。若有昆虫落在丝管上，地蛛便咬断丝网，再咬死猎物，然后把猎物拖进网内吃掉。剩下的残骸则推出网外，继而修补管网。

　　猎人用的套牛绳球是两端系上重物的长绳。飞索蛛也有类似的武器：一条丝的末端沾上黏液，另一端用脚抓住；若有蛾或昆虫为这条晃荡的丝线所吸引，

△ 蜘蛛

想看个究竟，蜘蛛就会急忙旋卷蛛丝，把猎物捆住。

蜘蛛都捕食活动物，但蜘蛛并不都结网或类似的罗网。举例来说，吐沫蜘蛛向猎物喷射黏液，接着猛扑过去一口咬死猎物。另有一些蜘蛛是灵活快捷的猎者。跳蛛与结网的蜘蛛不同，视力特别好，可跃跳等于身长几倍的距离，捕捉猎物。

蟹蛛是善于伪装的猎者，能随环境改变体色，常歇在花或叶上，张开四对脚，准备随时捕捉走近的昆虫，咬住猎物便注入毒液。18世纪时，一位动物学家绘了一幅画，画中是热带地区一只巨大的袋蜘蛛伏在一只蜂鸟身上，许多科学家视为笑柄。一百多年后，另一位博物学家才证实；这种蜘蛛脚爪的跨距达10寸，的确会悄悄地捕杀鸟类，还会捕食蜥蜴、小啮齿动物及一些体积颇大的动物。某些昆虫和蜘蛛一样，也能捕杀颇大的动物。田鳖体长可达4英寸半，捕食蝌蚪和鱼类。食虫虻行动迅速，生性凶猛，是十分出色的猎手，捕食圆花蜂。螳螂猎食行动较迟钝，前半身常直立起来，屈举强劲有力的前脚，猛力向前扑去捕捉蚱蜢、青蛙、蜥蜴，甚至同类。昆虫和蜘蛛是近亲，也常常归入同一类，但彼此确不相同。蜘蛛有8只脚，昆虫有6只，昆虫通常有两对翅膀，蜘蛛没有。昆虫有3个体节，蜘蛛的头部和胸部（中节）则连在一起。两者成虫的不同特征在幼虫期未必能分得出来。有些昆虫幼虫不长翅膀，有的连脚都没有。

猎手和猎物的关系并不分明。蜘蛛通常以猎昆虫为食，有些昆虫却猎食蜘蛛：最有名的是鳖甲蜂，体色铁青，生有多刺的长脚，身长只一寸甚至不足一寸，向比自己大一倍的蜘蛛进攻，毫无惧色，通常酣战一小时以上。蜘蛛罕能取胜，鳖甲蜂总会蜇蜘蛛一两次，使蜘蛛瘫痪。

鳖甲蜂和大多数猎食的黄蜂一样，把猎获物拖到一个洞口后塞进去，在动弹不得的猎物身上产下一个卵，然后堵住洞口，继而动身去寻找新的猎物。蜂卵孵出小蜂后，就有现成的（还是活的）食物。夏日傍晚，在草地或开阔地上空展翅飞来飞去，忽而冲下忽而回转，那就是名叫蚊鹰的昆虫，确切的名称是蜻蜓，以捕食蚊子之类维生。蜻蜓飞行时，把脚合拢起来，形似一个篮子，用来兜捕猎物，一有所获立即送入口中，通常边飞边吃。幼虫称为若虫，也是掠食者，栖于水中，还不能飞，生有铰合的长下唇，可迅速往外翻，唇尖有爪片，用于捕捉水生昆虫或小鱼。

食虫椿象是椿象的一种，特别爱好捕食臭虫，臭虫不足时也吃别的小虫，还会刺人。如用手捡起一只食虫椿象，就会感

△ 虎甲虫

到像刺扎般疼。食虫椿象幼虫有一层分泌黏液包裹，浑身沾满灰尘、棉绒、碎屑等，像罩上一层伪装，隐藏得极好。

虎甲虫的幼虫是另一种不易发现的猎手。幼虫在沙地上挖洞，大部分时间留在洞口上。扁平的头部与身体成直角，正好伪装成洞口的盖子；背部鼓起部分的钩子，恰好用来固定位置。若有小虫或蚂蚁在附近走过，虎甲幼虫就会立即翻身出洞外，伸长身体，背部仍然钩住原来的位置，然后用口咬住猎物，拖到洞里吃掉。

所有的现生动物，在进化的过程中，都是不断朝着增加速度、机敏和提高反应能力的方向发展，而有一种动物却恰恰相反，它变得越来越迟缓、懒惰和笨拙，这种动物就是树懒。树懒是一种动物反向进化的典型例子，而且也许是现存动物中唯一呈反向进化的动物。

褐喉树懒又叫灰树懒，不仅习性恰如其名，而且在许多方面也都确实是极其奇特的动物。

它的体长大约为50～60厘米，尾长约为3～4厘米，体重4～4.5公斤，其外形略微有些与猴类相似，以至于有人常在野外把它错误地当成猴子。它长着一副表情生动的面孔，头小而圆，眼睛圆而朝向前方，耳朵极小，隐藏于毛的下面。上肢较下肢为长。前、后足上均有3个连在一起的趾，每个趾上都具有长钩状的、像镰刀般尖锐的长爪，可用来捞取食物，打击敌人，并借以自

悬其身。尾巴很短，样子也很难看。有趣的是，绝大多数哺乳动物，包括颈部相对较短的鲸鱼和颈部最长的长颈鹿，通常都具有7枚颈椎，个别的（如二趾树懒及海牛）为6枚，而只有褐喉树懒等三趾的树懒为9块，这样就使它在寻找食物的时候，只要灵活地转动头部而不必移动身体就可以了，头部转动的最大角度可达270度，极大地增强了颈部的弯曲程度和灵活性。

褐喉树懒的体毛短而密，一般以灰褐色为主，头部、喉部略深，肩部色浅，其上也有褐色的斑点。奇特的是，它身上的毛向与一般哺乳动物的体毛恰好相反，是从腹部向背部生长，因此雨水容易流下。另外还有极好的天然保护色，这不但是因为它的毛色接近树皮的颜色，而且在每根毛上都有"沟"，当藻类、地衣等植物孢子落到"沟"内，受到它身上散发的碳酸气的影响，便开始大量生长、寄生，使它的体表成为绿色，尤其在雨季，因此更容易和树皮上的苔藓混同起来，很难被其他动物发现。不过，这样的毛皮也不可避免地招来一些虱子、甲虫以及蛾类的幼虫等寄生其间，从皮毛的分泌物中吸取营养，或者依靠吃藻类而生存，形成一种共生的关系。

褐喉树懒终生在树上生活，无论进食、睡眠、交配和生育，几乎从不下到地面上，甚至死后仍然挂在树上。有人说它一生也不离开一棵树，可能是言过其实了，因为虽然它在正常情况下很少移动，但是当这棵树上的食物吃光了，为了取食也不得不在树间移动，只不过移动得太慢而已，这是因为其钩形的指和爪在地面上根本无法站立，更不会在地面上走路，假如落到了

△ 褐喉树懒

地面上，则将陷入极大的困难之中，只好伸出爪子钩住地面，吃力地把身体往前拖。因此，一旦它在树上不小心折断了一根树枝，落在了地上，听觉十分敏锐的美洲虎就会立即循着声音，猛扑上来，将它作为一顿美餐。奇怪的是，它在排泄的时候却要沿着树干悄悄地下到地面，用短尾巴在地面上掘一个小坑，将粪便排在坑里后再用土埋上，然后爬回到树梢。它为什么要耗费许多能量，冒着危险去排泄呢？目前尚没有很好的解释，有人戏称它是在为自己所偏爱的树木"施肥"。不过，它排便的次数非常少，每个月也仅有一两次。更为奇特的是，它还是游泳的能手，可以敏捷地渡过溪流或运河去寻找新的觅食地点，它那轻质量的肌体和胀大了的胃都可以产生较大的浮力。

它的性情温和，喜欢单独活动，但生活十分懒散，一生都是在慢节奏中度过的。它非常贪睡，一个昼夜大约要睡17~18个小时，白天常常挑选一棵枝繁叶茂的树梢，用前肢钩住头上的树枝，将身体靠在树干上，头弯向胸前，几个小时一动也不动，所以很难被发现。它平时的动作迟缓，显得有气无力，三个爪甲牢牢地抓住树干，每迈一步大约需要12秒钟，每分钟最快也只能移动1.8~2.4米，是世界上走得最慢的哺乳动物，甚至比爬行动物中的乌龟还要慢。行动如此缓慢的种类自然很难对其他动物构成威胁，而当它在躲避其他食肉动物的捕捉时，也是宁愿蜷缩不动而不会企图逃走，即便被捉住以后也不急着挣扎。与这种习性相对应的是它的身体对能量的需求和消耗很小，心跳和消化也很慢，肌肉只有相似体型的其他动物的一半，几乎是皮包着骨头。它还是一种变温性的动物，体温的变化范围一般在24~33℃之间，为了节约能量，在夜间休息时体温下降29℃左右，而其他动物除了冬眠之外，很少有这种现象。但每当气温降至27℃以下时，它又会颤抖着身子将体温升高。因为它具有特殊的血管网可以将进入四肢的血液冷却，反之，也可以加温从肢干部到躯干部的血液，这样多少可以防止体温降得过低，所以它并非是真正的变温性动物。

为了维持生命而必须从事的觅食活动也在慢吞吞地进行，只要身旁有可以吃的食物，它就绝不会更多地移动身躯，只是懒洋洋地伸出长爪，将食物钩过来，送入口中长时间地细嚼起来。寻觅食物主要依靠敏锐的嗅觉和触觉，食性非常狭窄，仅以一两种树的嫩叶、幼枝、树芽和树果等为食，不过这些树的枝叶一般水分都十分充足，再加上生活环境也很湿润，所以它一生都不用喝水。树叶蛋白质的含量较低，而且不利于消化，因而提供给动物的能量十分有限。为了充分利用这些有限的能量资源，它生有一个大而异常复杂的胃，其功能与反刍动物的瘤胃有很多相似之处。胃内含有丰富的微生物，起着发酵室的作用，能将树叶中含量较低的蛋白质分解转变为可被小肠吸收的有效营养成分，实现充分的吸收和高效率的能量转换。这个消化过程需要很长的时间，大多数反刍动物的消化过程以小时计算，则它的消化过程则是以日计算的，可以说是哺乳动物中消化过程最慢的一种。

褐喉树懒分布于中美洲的洪都拉斯、巴拿马等少数地区，因其特殊的生活习性限制了它的分布范围，使之只能在气温几乎全年保持不变的潮湿的热带大森林中生存，温度过高或过低都对它极为不利。如果在35～40℃的阳光下直接曝晒，用了多长时间就会使它的体温升高到致命的程度。当然，它在某些方面对环境的变化也有一定的忍耐力和极为顽强的生命力，例如在食物短缺的情况下，它可以忍饥挨饿长达一个月之久，因为食物的能量转化效率极高，同时还可以通过降低体温等方法来减少热耗；肌肉激应持久性比任何哺乳动物都长，如果遭到极为严酷的打击而受了其他动物难以承受的重伤，也往往能够复原。它还具有抗毒性，即使吃了大量的氰化钾等剧毒药类也能安然无恙，这种奇特而高超的本领引起了科学家极大的兴趣。

美洲的热带雨林是一个丰富多彩、博大精深的动物世界，充满了无限的生机。由于树懒具有特殊的节能本领，加上不同的树懒之间噬食的树木种类大多并不相同，因此树懒的生态密度是比较高的。在1平方千米面积的热带雨林里，常常会有700只树懒生存，而同样大的面积内生存的猴子最多也不会超过70只。然而，同地球上其他许多地带的自然环境一样，那里的各种野生动物和它们赖以生存的热带雨林也正遭受到人类无所不至的影响，很多物种正面临着灭顶之灾。

海豹与海象走路之谜

　　海象和大部分海豹适应了在寒冷海水中游泳的生活之后，在陆地上就显得行动不便了，但他们与水獭、熊都是同宗的近亲。一般认为现代海豹是从3000多万年前的陆生动物演化而来的。鱼雷似的流线型身体、四肢已变成鳍状肢，都是适应游泳生活的显著变化。海豹属鳍脚目。鳍脚这个学名，就是从鳍状肢得来的。所有鳍脚目动物必须回到陆上换毛和生产。

　　鳍脚目动物有32种，由于耳和鳍状肢的不同，可分为3科。第一科是海豹科。海豹只有残耳，极能适应水中生活。指向后方的鳍状后肢，在陆上毫无用处。第二科是狗科，又为海狗和海狮同类。鳍状后肢较为灵活，可在陆上走动，速度追得及行人。第三科只有一种动物，就是海象，海象也只有残耳，鳍状后肢能转向前。嗜冰海豹是海豹中最小的一种。它是遥远北方最常见的海豹。雌雄的大小不相上下，一般长5尺，体重200磅。嗜冰海豹很少成群出现，也很少做长途移徙。通常留在海边15里范围之内，靠捕食甲壳动物和小鱼维生，居住在坚冰长年不解冻的地方。

　　另一方面，鞍背海豹则繁殖成群。圣罗凌斯湾有150多万只，拉布拉多海岸外有100万只。2、3月间移徙，通常在大块浮冰上繁殖。成年的鞍背海豹约重400磅，约长6英尺。

　　须海豹因颔下有浓须而得名。它们也是生活在海岸附近浮冰的边缘上。平常喜欢独处，但在繁殖季节有时可能有多达50只聚居一起。

　　冠海豹的特征是长有一个头兜，从眼部上面开始向下直到鼻口部。冠海豹又名袋鼻海豹，因它的一种特别习性而得名。它一生下来，就鼓起鼻袋，头兜膨胀，像个红气球。冠海豹性喜独处，只有移往繁殖地时才群居，与鞍背海豹分享同一繁殖地。冠海豹是北极区最大的海豹，体重约900磅，身长可達10尺半。

绶带海豹又名带海豹，大小与嗜冰海豹不相上下，只在北太平洋区出没。通常独处，冬天随冰南下，夏天回到北方。幼绶带海豹据说是在浮冰上出生的。

世界上只有一种海象，但分为两族：一族是生活在太平洋；另一族则生活在大西洋。太平洋海象较大，鼻孔在鼻口部的位最高。两族海象的习性，差不多完全相同。

两族海象皮下那层约有两寸半厚的脂肪占体重1/3。脂肪上面那层皮，有两寸半厚。因此海象冬天不怕严寒，散发体热也不成问题。大热天，海象晒太阳时，表皮血管膨胀散发体热，全身变为深玫瑰红色。

雄海象身长可达20尺，体重可达数百磅。雌海象约短两尺，体重约为100多磅。

雌雄海象都长有长牙，不过雌海象的牙较雄海象的略短。长牙只是特别发达的大齿，海象寿命约30年，长牙终生不断生长。海象周岁时，牙长不过1寸。雄海象成年后，牙长有时可达3尺。海象只能在某种生活环境中生存。它们潜水的耐力不过20分钟，所以只能在水面下250尺的范围内觅食。可供食用的水生贝壳动物一定要丰富，因为海象群集起来，每群数以千计，而每只海象一天可吃3000只蛤。浮冰或容易到达的海滩也是海象生活不可或缺的，因为海象有时要攀上去休息。

雌海象5岁，雄海象6岁就届成年。怀孕期几乎达到一年。夏天，海象移徙到北方换毛时，幼海象在冰上出生。幼海象出生时约长4英尺，约重100磅。出生后头三个星期，因为御寒机能还未充分发育，要依靠其母呵护，才不致冻死。幼海象几乎无时不抱着母亲，即使其母潜入深水时也不例外。海象成年后，极能适应冰上和海中生活。它的鳍状后肢极为发达，善于游泳。它用长牙翻掘水生贝壳动物，或用强有力的唇把水生贝壳动物从石块上剥下来。海象有硕大的躯体和强力的长牙，除了饥肠辘辘的逆鲸或北极熊偶尔会向它袭击以外，食肉动物都对它避而远之。

昆虫吃食之谜

　　一棵橡树可有50000条幼虫，一片树叶可有500只蚜虫。毁坏树叶的罪魁，是这昆虫，而不是吃植物的哺乳动物。

　　一些择木而栖的鸟类和哺乳动物，专吃落叶树上的幼芽，但没有一种喜欢长成了的树叶。鹿和其它在地面上的吃叶动物，也不过在一大片茂盛的枝叶边缘吃去少许树叶而已。

　　然而，昆虫能吃掉落叶树林的大量树叶。食叶昆虫分两大类：一类咀嚼树叶；一类吮吸树液。毛虫是嚼叶昆虫的代表，生有善咬的颚，能吃掉树叶全部组织。吮吸树液的昆虫，通过口部特殊构造，像用注射针抽血一样，吮吸植物生长必需的液体维生。蚜虫是这种昆虫的代表，利用一对尖锐的大腭，刺进植物的组织，先注入唾液软化组织，然后吮吸树液。

　　嚼叶的昆虫，计有蝴蝶、蛾、锯蜂等的幼虫，若干蝇和甲虫的幼虫，以及几种蚱蜢。其中蛾类的幼虫为数最多。落叶树林的树上，有几百种不同品种的昆虫。有些幼虫毫不择食，什么树叶都吃，但大多数都有偏食习性，专吃某种树叶，可以把整棵树的树叶吃光。卷橡叶蛾的幼虫，是有偏食习性的一种，专吃橡树叶，食量惊人，卷橡叶蛾是一种小青蛾，6、7月间长成飞出，在嫩枝上产卵，来年5月叶芽吐露时孵化。

　　以橡树为食的蛾，种类繁多。单一棵橡树可以同时成为50000条幼虫的宿主。

　　落叶树林内无数的幼虫，做了大批动物的食物。这些动物包括鸟类、树蛙、寄生虫等。幼虫由树上掉到地面化蛹时，又成为鼷鼠等的捕食对象。

　　许多蛾类化成蛹过冬，到了初夏蜕变成蛾。其它的则在秋天飞动，产下蛾卵，待春天叶芽初发时孵化。

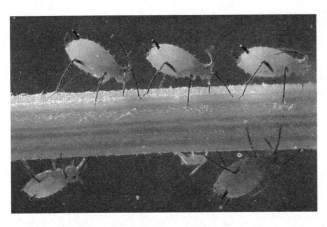
△ 昆虫吃食中

食叶昆虫中，侵袭树木的方法各有不同。一种称为潜叶虫的小毛虫，能在树叶中层组织中挖成隧道，却不致损毁树叶的表底两层。称为卷叶虫的毛虫，又另有一套方法。它们把叶边卷成管状，藏在里面吃叶子时可以躲避天敌的袭击。卷橡叶蛾也采用这种方式进食。一些昆虫自保的方法，是靠刺激树木长出树瘿，这是叶子或嫩枝上生出来的肿瘤。树瘿是由树木本身的一种化学反应所造成；昆虫（通常是小黄蜂或蝇）刺入植物组织产卵，就会引起这种反应，幼虫孵化后，以吃树瘿的组织维生。还在里面化蛹，最后变为成虫后才破瘿而出。

树瘿虽然能保护昆虫免受大型天敌之害，但对一大群昆虫天敌包括别种黄蜂在内却无保护作用。这些食肉的昆虫，本身不能刺激植物产生树瘿，却侵占现成的树瘿，在那里产卵。孵化的幼虫便捕食原来造瘿的昆虫。其他不能自造树瘿的小昆虫实行鹊巢鸠占方式，把造瘿昆虫的地盘据为己有。由此可见，树瘿其实是种类不同而互相依赖的若干动物所组成的群落。

橡树上最显见的树瘿有五倍子、弹子瘤和扁豆瘤3种。这些树瘿都由不同种类的黄蜂造成的。美国梧桐树叶上显著的红色树瘿，就是一种螨的杰作。这种螨并不算是昆虫，而是一种蜘蛛类的节肢动物。

树瘿的外表不尽相同。有一种可能是嫩枝上光溜的瘤，样子像豌豆；另一种出现在叶上，可能也像豌豆，但上面满布网线。许多橡树上的大瘿都含有鞣酸，在制造油墨和鞣革时至今仍然使用。园丁都熟悉绿色蚜虫及豆蚜。这两种吮吸树液的昆虫都是蚜虫，同属半翅目。半翅目各种昆虫多半有复杂的生活周期。在周期内通常有一个阶段，由未受精的卵子孵化成数代雌虫。

这种过程称为单性生殖或孤雌生殖。

大多数蚜虫群聚在叶梗或叶柄上。有人会发现一片树叶竟有多达500只蚜虫。欧洲常见的一种槭树蚜虫，养成一种行为上的适应变化，要把树液分给整群中每一只蚜虫。蚜虫懂得平均分布在一片叶子上，各占一个小地盘，大约是0.3平方英寸。

蚜虫须吸收植物的蛋白质才能生长，但树液主要成分是糖和水，蛋白质的含量很少，因此蚜虫须吮吸大量树液，才能获得足够生长所需的蛋白质。大部分的糖和水，直接通过蚜虫的身体排泄出来。这种有黏性的液体废物形成蜜露，蚂蚁和多种飞虫如食蚜蚣、蛾等就来采食这种蜜露。从前大家都以为蚂蚁在蚜虫身上挤出蜜露，现在才明白蚜虫身体排出甜液后，蚂蚁才前去取食。

飞虫在花中找到所需的蛋白质和糖。大家熟悉的蜜蜂，一辈子都在采集花粉及花蜜，花粉供给蜂巢中幼蜂发育所需的蛋白质；而花蜜几乎全部由产生能量的糖组成，供给成年蜜蜂飞行用的燃料。蜜蜂生有长吻，用来采花蜜，更有花粉篮，即后腿上光滑的凹处，粉末状的花粉在这里用腿弄成一团团，然后带回蜂巢中。

大多数树木靠风媒传粉，但蜜蜂和其它昆虫把花粉从一株植物传送到另一株，协助花朵授粉。

有袋动物之谜

澳洲温带森林有袋动物所担任的角色，几乎全部是其它大洲哺乳动物所担任的，它们之中包括素食动物和食肉动物。

科学家相信，约在7000万年前，有一群在树上居住的小动物移到澳洲繁殖。它们全是有袋动物，这种哺乳动物的幼儿在发育早期的阶段就从母体生出来，在育儿袋中吃奶长大。在这方面，有袋动物和较常见的有胎盘动物不同，有胎盘动物的幼儿在子宫里发育至较成熟阶段。

随着两极的冰川融化，海水上涨，淹没了连接澳洲与其他大洲的陆地，澳洲的有袋动物从此困处一隅。

后来，这些仍然保留育儿袋的哺乳动物，虽然在隔绝的环境下演化，但其过程依然与世界其他地方的有胎盘动物相似。狗、鼹鼠、鼯鼠和许多其它有胎盘动物，在澳洲都有相当的有袋动物。澳洲别的有袋动物在环境中所担任的角色，与其他地方有胎盘动物所担任的相同，但形状方面并不相似。

袋鼬科食肉的有袋动物，其在环境中的地位和其他大洲的鼬鼠、麝猫和狗很相似。它们主要是在晚间活动，捕食小哺乳动物、雀鸟、爬虫和昆虫。

一种十分罕见的袋鼬科动物，是塔斯马尼亚狼，又名袋狼，体型大似狗，捕食袋鼠和鼹，也捕食小哺乳动物和雀鸟。另一种袋鼬科动物是矮胖强壮的袋獾，在塔斯马尼亚森林和矮树丛中仍有很多。较小的袋鼬科动物，是有袋的鼠类，包括宽足袋鼬属的几种动物在内。宽足袋鼬是动作迅速敏捷的食肉动物，主要捕食昆虫，但也捕杀鼷鼠。若干种宽足袋鼬属动物，雄性寿命仅得一个生殖季节，雌性则较长寿。9月出生的雄性，到了次年8月便能交配，交配后全都死去。

袋食蚁兽也许是袋鼬科动物中特色最少的一种。它白天觅食，只吃白

△ 袋熊

蚁，每天要吃1~2万只。袋食蚁兽的居所也是白蚁造的，袋食蚁兽住在由白蚁蛀空的木头里。

袋熊是另一类有袋动物，其适应能力与其他大洲的钻洞啮齿动物相似，例如牙齿终生不断生长。袋熊更像啮齿动物的地方，就是上下门齿都只有一对。

袋狸外形很像印度一种板齿鼠属大啮齿动物。袋狸吃的是昆虫、蛴螬和树根。他们用嘴及锐利前爪掘树根。

袋鼠住在旷野也住在树林中。喜欢独来独往，在树林较浓密处吃嫩叶，较合群的大袋鼠则在较空旷林地的茂盛草地吃草。

灰袋鼠有两种，住在树林里，夜间在长满青草的空地吃草。淡龙袋鼠住在澳洲东部较空旷的林地中，深灰袋鼠则住在南澳大利亚及西澳大利亚较密的林区。灰袋鼠是现存最大的有袋动物，终生不断发育。这种动物的臀部及腿部肌肉强健，尾巴强而有力，使它跳得更远，一跃可达30英尺。灰袋鼠多数可以长期不喝水也能生存。

极地动物之谜

最长的深夜、最低的气温，有时还刮起最强的烈风，这一切支配着两极地区的生物。

所谓两极地区域中的陆地，是个最寒的不毛之地，植物稀少，动物也不多，正好与两极的海洋相反。南北两极地带多数动物的食物链，就是始于两极的海洋里。

南极海洋生物之丰富，不亚于世界任何海洋。南极辐合带是温带暖流与南极寒流会合的地方，因此海水剧烈向上涌，这样就使各层海水处于不稳定的状况，把所有营养物完全混合在一起。

另一方面，北极海由于海水极稳定，就没有那么丰饶多产，因此海洋植物所需要的营养物，供应有限。

复杂的动物生命网，依靠丰富的浮游植物保持，这种漂浮水中的单细植物，在夏季冰块解冻时生长。那时有足够的阳光，还有来自其他地区上涌的暖流带来的养料，使浮游植物得到滋养。

一种叫做浮动物的微小动物，就以这种植物为食。在南极区，数目最多的微小动物，是一种虾状的甲壳动物，叫做糠虾。糠虾是鲸、海豹、海鸟和鱼的主要食物。两极动物的食物链并不止于海洋中，因为海洋生物也能使陆地富饶，并且是若干种陆生动物的食物。海豹和海鸟在海里觅食，在岸上栖息和繁殖；遗下的粪便，给缺乏氮肥的土壤增加重要的肥料。所以许多沿海地区的植物，生长得比内陆的茂盛得多。

南极洲只有4%的土地没有永久冰。这种土地几乎没有表土，满布矿物碎屑，所以只有细菌、真菌和微小植物才能生长。就算细菌，数目也极稀少，一品脱雪里才有一个细菌。南极洲因为没有成熟土壤，长不出陆生动物赖以

△ 甲壳动物

生存的植被。

南极洲内陆山上生长的主要植物，约有400种地衣，长在悬崖和巨石上，或像披在石上的一层薄壳，或如星罗棋布的球体。就是在较为温暖的海岸上，地面两三尺下也是永不融化的坚冰。虽然如此地面水仍能促进苔藓层不断生长。自古以来，这些苔藓已堆积成6尺厚的泥炭层。整个南极洲只有两种开花植物——一种小草和一种小而淡绿的垫状植物，长在向北有阳光的溪谷低处，那里土壤较为成熟，又可躲避强烈的南风。

南极区无须在海中觅食的最大动物是两种无翼蠓。这两种蠓身长不及1/5英寸，生长在那些有开花植物的海岸地区内陆的动物更少。但是在离开南极只有100英里的地方，曾发现过靠细菌维生的螨。

海豚的神奇功能之谜

海豚是一种有着许多神奇功能的动物，这些神奇功能至今让人们琢磨不透。

海豚有着高超的水下探测本领，无论白天黑夜，它都能发现渔民设下的捕捞网，并且轻而易举地从网上方的空隙逃脱。这并不是因为海豚的视力超群，有人在实验中将海豚的眼蒙上，海豚依然能迅速准确地捕捉到水中的鱼。那海豚的特殊本领在哪里呢？有人提出海豚是用发射超声信号来判断目标的，但是海豚没有声带，它又是如何发声的呢？有人认为海豚是用鼻孔发音，也有人认为海豚的发声声源来自头部的瓣膜和气囊系统。

海豚的另一项神奇功能是高速游动能力，按照海豚肌肉的承受能力，海豚游动的时速不可能超过20公里，但海豚在水中的实际游速可达每小时48公里，经过长期的研究，科学家们认为这主要得益于海豚有某种神奇的方法，能减少水的阻力。海豚的皮肤富于弹性，不沾水，高速游动时可能减少阻力，经研究发现，海豚的皮肤由1.5毫米左右的极软的海绵状表皮和6毫米厚的细密而结实的真皮构成，这种皮肤可像减震器一样，有效地使身体表面防止产生紊流，使之快速前进，此外海豚拥有大量的神经通向皮肤，能积极地操纵皮肤，减少水中阻力。海豚高速游动的秘密，是否真是如此，尚需近一步的证实。

海豚还有一项神奇之处，就是人们总看到海豚在水中游戏，却从未看到过它睡觉的样子。难道海豚不需要睡眠吗？后来通过实验发现，海豚的睡眠是与众不同的，睡眠中的海豚仍会继续游动，并在水面上有意不断地换姿势，原来睡眠中的海豚，其大脑的两半球处于明显的不同状态，当一个半球处于睡眠状态时，另一半却醒着，每隔十几分钟，两半球的活动状态变换一次，很有节律，至于其中的奥秘，目前还不得而知。

蟋蟀的叫声之谜

　　蟋蟀是一种司空见惯的昆虫，蟋蟀的叫声也是人们十分熟悉的，但蟋蟀叫声的秘密，却是连生物学家也没有完全掌握的秘密。

　　蟋蟀的鸣叫，与蟋蟀生命活动的各个阶段都相关，如求偶、生殖、格斗、占巢等活动，以蟋蟀的求偶为例，雄蟋蟀振翅歌唱时，雌蟋蟀就会循声追踪而至。生理学的研究表明，蟋蟀的听觉器官与人类的听觉器官结构大致相似，但蟋蟀的耳朵是长在两前足的膝部下面，这里每一颈节的表面上有一对鼓膜，这对鼓膜的下面排列着55～60个听觉感受器细胞，听觉感受器细胞发出的神经轴突向上延伸到腿而形成神经束，也就是听神经，延伸的终点是中枢神经系统中的前胸神经节。通过电子仪器测定，雌蟋蟀听觉感受器细胞对空气传播的声音作出反应，其频率范围在3000赫到超声频之间，而这种频率似乎正好是雄蟋蟀求偶鸣唱的载波频率。

　　还有一个十分奇特的现象，蟋蟀的鸣叫声可以十分准确地反映温度。英国昆虫研究所曾做过测试，先数准蟋蟀在15秒内鸣叫的次数，然后再加上40，就是当时当地的华氏温度。根据昆虫学家的研究，雄蟋蟀对温度十分敏感，它会根据温度的细微变化改变自己的鸣叫次数，而且相当准确。但为什么蟋蟀能如此精确无误地把握住外界环境温度的变化，还是一个值得探讨的迷。

　　在平常中发现不平常，在常见的事物中领悟新的科学道理，这正是发现的乐趣，探索的意义的所在。每一个自然现象之谜的背后，都可能蕴藏着丰富的科学宝藏。

巨蟒之谜

20世纪40年代，在缅甸通往云南的滇缅公路上，一辆满载军用物资的美军卡车被横亘在路上的一条巨蟒拦住了去路，这条蟒的身体半陷在泥中，露出的部分极其粗大，棕黑色的皮粗糙的似老松树皮一样，鳞片比手掌还大得多。由于卡车无法通过，导致后续的许多坦克排成了长队。后来，指挥官下了命令，试着由坦克从巨蟒的身上轧过去。

结果一辆辆坦克轧过巨蟒的身体，巨蟒的身体上除了有几处印有坦克的履痕外，竟然完好无损，巨蟒也似乎没在意坦克的碾轧，只是身体略传动了一下，便又平静如初。好奇心驱使一些美军士兵，要看看巨蟒到底有多大，沿着巨蟒的身体进入了一片树林，竟然见到巨蟒大如汽车般的巨头贴伏在一块耸立的岩石上，似乎睡着了。有个士兵爬到一株高大粗实的树上，用自动步枪向巨蟒射击。这时，巨蟒被惹怒了，张开眼昂首向树上的美军士兵逼去，在离树上的人还有好几尺远的地方，张开血盆大口，用力一吸，树上的士兵立刻被吸进口中，不见了踪影。看到同伴被巨蟒吞食，其他美军官兵一齐扣动扳机，向巨蟒开火，巨蟒怒不可遏地转回头，接连吞下几名美军，其他人纷纷逃出树林。在用坦克车向巨蟒攻击无效的情况下，美军司令部闻讯派出了两架轰炸机，向巨蟒投放了十余枚炸弹，才将它炸死。人们将死后的巨蟒解剖后，发现了美军惨不忍睹的尸体和十多件枪械、钢盔。此事也惊动了一些动物学家，它们推测这条巨蟒的年龄应在800年以上，但这条巨蟒为什么能活这么长的时间，为什么有如此庞大的身躯，至今还是个谜。

信天翁为什么与人为敌

　　信天翁是体形最大的海鸟，展开双翅可达1.5米，性情勇猛，以鱼虾和贝类为食。

　　第二次世界大战时，美国海军准备在太平洋的一个荒凉的小岛上建立情报基地，便派出小股部队上岛勘察。不料，此举惊动了岛上住着的数以万计的信天翁，它们排成阵势，狂叫着冲向海边，使要上岸的美军无法登陆。由于这个小岛的战略位置十分重要，美军无论如何也要占领小岛。

　　于是，第二天，派了更多一些人，向小岛登陆。不料，美军的舰船尚未靠岸，满天的信天翁便从空中俯冲下来，用嘴啄，用翅膀拍打，用爪抓，使美军狼狈不堪，根本无法上岸，只得仓皇驶离小岛。美军作战指挥部得知这一消息后，不敢怠慢，迅速制定了一个强行登陆的战斗方案。他们首先派出了飞机对岛上的信天翁狂轰滥炸，接着再由战车载着步兵上岛。由于被炸死的鸟太多，战车一时很难前进，而附近一些岛上的信天翁像被美军的暴行激怒了一样，纷纷飞向这个小岛，再次向美军发起了猛烈的攻击。

　　无奈之下，美军只得使用毒气，把大部分鸟杀死了，用推土机将堆积遍地的信天翁尸体推下大海，美军才算占领了这个小岛，在岛上修建了公路和飞机跑道。但附近的信天翁似乎并没有善罢甘休，还不时地到岛上向美军找些麻烦，使美军在这座岛上，一直没有停止过与信天翁的战斗。

　　许多科学家对这场罕见的人鸟大战十分感兴趣，想要弄清信天翁这种前赴后继地与人争斗行为的生物学原因，但研究的结果并没有得出令人满意的说法。看来，不仅是人类的家园不容侵犯，就是动物的家园也要尊重保护，否则的话就会受到报复，给自己带来麻烦。在尽可能的情况下，人类还是不要干扰其他动物的生存环境。

奇异的带鳞乌贼之谜

我们所常见的乌贼都是体表光滑，没有鳞片的，乌贼的体形像袋状，背腹略扁平，有10条触手，体内还有墨囊。

可是前不久，一位苏联科学家却发现了一种身上有鳞片的乌贼。这是在一头抹香鲸的胃里发现的，它头挺大，身体壮实，比一般的乌贼稍长。经过观察，发现这种乌贼并不是全身披鳞，它们的尾腔和一些末梢部分没有鳞片，且皮肤光滑。更令人惊奇的是，这种有鳞乌贼竟然没有触手。这种乌贼的鳞片像建筑物上的绛色瓦片，通过肌肉组织延伸，紧紧地排列在一起。鳞片随着乌贼的生长逐渐增大，数量也不断增加。每一片鳞片内部都有微小的薄层，充满着空气和油，可以说，一片鳞就像是一个微小的气瓶。显然，这种包着空气的鳞甲，可使乌贼的飘浮和行动更加自如。

带鳞乌贼刚孵出时是有触手的，但到成年时它们的触手全都没有了。人们知道，乌贼凭借触手猎取食物和防御敌害；游动时触手又是一个个灵巧的"舵"，要靠它们掌握方向；雄性乌贼左侧第4条触手还是它的生殖腕。由此可见，触首是乌贼最重要的生命器官。很难想象失去全部触手的乌贼能够存活下来。可是，为什么带鳞乌贼没有了触手却能生活得很好，它们的触手为什么会退化？这些都是未解之谜。

人们知道，乌贼的行动比较特殊，别的动物前进速度快，乌贼却是后退速度快。乌贼靠肌肉收缩，把外套腔里的水从漏斗管中喷出，由于水流的反作用，使它飞快地向后离去。可是，带鳞乌贼不是这样，它像一般的海洋动物那样游动。它为什么会这样？这又是一个谜。

独角鲸的神奇 "独角" 之谜

独角鲸是一种生活在北冰洋及附近海域的神奇海洋哺乳动物,准确地说所谓的独角并非是角,而是这种动物的雄性左上颌的一枚长达3米的长牙,这枚长牙是笔直的螺旋形。而雌性的鲸就很少有这种 "独角" 了。

独角鲸为什么要有这么一个独角,它的神奇作用是什么,一直是人们想要了解清楚的。

有的学者认为这枚长牙是独角鲸战斗的武器,用于向敌人发起进攻;有的学者则认为,这只长牙是独角鲸的工具,用于凿穿冰层进行呼吸;也有学者认为,独角是独角鲸的取食工具;还有科学家设想,独角鲸在快速游动时身体发热,全凭这只独角散热。另外一些说法是,这只角是独角鲸的回声定位工具,用于寻找食物;独角鲸利用这只角改善了全身的流体力学性能,使自己游得更快;独角鲸的这只角表面光滑,可以引诱一些好奇的小鱼,主动前来成为独角鲸的美餐。

光是上述这么多的说法,就说明人们还没有真正搞清独角鲸那只神奇独角的真正用途。

但独角鲸的这只独角对人类的作用是极大的,被视为稀世珍宝。因为这只独角是一种可以治疗多种疾病的有效药物,后经化学解析发现,独角的治病原理在于,其中含有一种可以中和一些病毒的含钙的盐。

目前,独角鲸由于人们长期的大量捕杀,已处于灭绝边缘,科学家们正在积极加强对独角鲸的研究,以期揭开这种神奇动物身上的种种奥秘。

动物是人类的朋友,长期以来,人类为了自身的利欲,大量捕杀了一些经济效益高的动物,致使一些珍贵物种濒于灭绝,独角鲸就是其中之一。让我们大家行动起来,为保护独角鲸作出一点贡献。

始祖鸟化石之谜

藏在英国伦敦自然博物馆的始祖鸟化石，在中国辽宁发现"中华龙鸟"化石之前，一直被认为是世界上最古老、最重要的鸟类化石。因为鸟类的骨骼非常脆弱，形成化石的机会很少，所以，这具始祖鸟的化石就显得相当珍贵了。这具化石是1861年在德国的巴伐利亚发现的，从外形上看，像是添翼的爬行动物，羽毛、飞翼、骨骼和足趾都具有鸟类的特征；同时它还有牙齿、分开的掌骨和尾椎骨等爬行动物特征，说明它呈现的是从爬行动物与鸟类之间的过渡状态。

可是到了十多年前，有人对这具化石提出了质疑，认为是伪造的，只不过是在标准的爬行动物骨骼上，人为地安上了羽毛。有人还在化石上发现了涂胶的痕迹，说明伪造者是在普通爬行动物骨骼上粘上羽毛，翻制成所谓的始祖鸟化石。他们还发现，化石上的一道裂缝是人用工具敲击而成；化石骨骼上没有龙骨突和胸骨，说明它根本不会飞。

真是一石激起千层浪，以上观点，引起了学术界的激烈争论。对上述说法，有人表示支持，有人表示反对。反对最为激烈的，要算是伦敦自然博物馆的工作人员了。他们认为始祖鸟化石绝不是伪造的，用显微镜观察，化石标本上根本没有任何涂过胶的痕迹，标本上的裂缝呈直线，人工不可能敲击出这种形状。为了进一步搞清始祖鸟化石的真与假，有人提出在标本上重新取样进行测定，但却遭到了博物馆的拒绝。有人针锋相对地指出，他们之所以不肯拿出来测定，说明他们也发现了疑点，才不肯拿出来的。

始祖鸟化石的真与假，到现在还没有结论。

乌龟端午探亲之谜

1980年9月的一天，湖北省监利县尺八镇中州乡王墩村徐先平，与内弟在屋后小河里捉到一只大乌龟。他用小刀在龟背上刻下自己的名字，又打孔穿4只小铜环，第二天，便将乌龟送入洞庭湖。

1981年农历四月二十八日晚，这只乌龟竟风尘仆仆地回来了。主人留它住了一段时间，又送入洞庭湖。

1982年农历五月初五端午节，乌龟又回来"探亲"了。

1984年农历五月初二，乌龟回来后找错了地方，钻到徐先平邻居家床下。

到1987年农历五月初一，这只乌龟第八次到徐家"探亲"。这引起人们极大的兴趣。

这头乌龟，体重1950克，并不小；从洞庭湖到徐家有几十里路，并不近。乌龟不但能爬回来，并且避免了途中可能发生的各种危险。这是怎么回事？

乌龟不是偶然回到徐家，而是年年"探亲"，这是怎么回事？

乌龟不是随便什么时候都回"家"的，每次都在端午节之前，这又是怎么回事？

△ 乌龟

海豚救人之谜

　　海豚在人们心目中一直是一种神秘的动物。它那种种奇特的行为，一直吸引着人们的注意力。人们对海豚最感兴趣的，还是它那见义勇为、奋不顾身救人的行为。在世界上，流传着许许多多海豚救人的故事。

　　早在公元前6世纪，希腊历史学家希罗多德就曾记载过一件海豚救人的事。阿里昂是古希腊列斯堡岛上的著名歌唱家。有一次，他在海上遇到了歹徒，面对着这帮杀人越货的坏蛋，他悲伤地唱完了永别之歌后，就纵身投入大海。正在这时，一只海豚飞速游过来，背着他迅速离开险地，来到安全的地方。

　　这是一个古老的记载了，到了现代，像这样的记载就更多了。1964年，日本的一艘渔船触礁沉没，幸存的4名船员拼命往岸边游去。可是海岸太遥远了，他们已经精疲力竭，仍不见海岸的影子，死神的手已向他们伸来。正在这生死攸关之际，救星来了，两只海豚如同从天而降，来到他们身边，一个海豚驮着两个人，快速向岸边游去。

　　1981年，一艘航行在爪哇海域的轮船突然起火，船上有一对夫妇，他们不忍心看着自己的3个孩子被大火活活烧死，在万般无奈的情况下，把他们都抛入大海。这时，有一群海豚游过来，把3个孩子驮在背上，送到岸边。而他们的父母却都在海难中丧生了。

　　海豚救人，早已经不是什么新鲜事儿了，它也因此得到了一个"海上救生员"的美名。许多国家都颁布了保护海豚的法规，这些法规受到了人们的普遍欢迎。但是人们感兴趣的不是它救人本身，而是它为什么会救人。

　　在人们对海豚没有充分认识以前，以为它是神派来保护人类的。由于科学的进步，对海豚的认识进一步加深，神秘的面纱逐渐被揭开。那么，海豚

△ 海豚

救人，是一种本能呢，还是受着思维的支配？有人认为，海豚救人完全是一种本能行为，因为海豚特别喜欢用嘴部来推水中的物体，如一段木头，或汽油桶之类。有人发现，海豚经常把自己的小宝宝托出水面换空气。人们还发现，当它们自己的同类受到威胁时，也会奋不顾身地进行援救。海豚救人，难道是它们出于援救同类而发展起来的本能，推而及于人类的吗？

有人则认为海豚是一种高智商的动物，它的大脑容量比黑猩猩还要大，是一种具有思维能力的动物，它的救人行为完全是一种自觉的行为。人们为了揭开海豚的秘密，正在进行着艰苦细致的研究工作。

"生物时钟"主宰昆虫的生死之谜

俗话说"早起的鸟儿有虫吃",这是以鸟的立场说明若在时间上避开自己的同伴,就能找到更多的食物。然而换个角度,对虫儿来说,如果它也偷偷躲开同伴的抢食,提早出来找食物,试想在一片沉睡的大地中,突然有一只虫在移动、在咬食,那就很容易被眼尖的鸟儿发现而成为早起鸟儿的早餐。这个俗语的励志功能,是基于一种深刻的自然观察。然而这个生物猎食现象,反映出"时间"在决定生死问题上的关键作用,而这个时间性的表现与掌控者就是体内的"生物时钟"。

一、生物时钟的运作机制

生物时钟指的是生物体内的计时构造。它是利用两条时钟基因表现负回馈机制来达到计时功能的。也就是这两条基因转录、转译的蛋白质会互相结合进入细胞核内抑制基因的表现,必须等到不再有这两个蛋白质、结合体进入核内时,这个抑制作用才能停止,而时钟基因才可被重新开启。这样一轮回,所需时间大约是24小时,因此时间信息就由这个时钟细胞制造,传递给体内各细胞、组织或器官。

二、为何需要生物时钟

地球因为自转与公转,造成生物栖息环境呈现规律性的变动,这种变动具有固定周期,会重复出现,例如潮汐变化、日夜转换或四季轮替等。生物必须按照这种环境变动,调整它们的生存策略以顺利生存及繁衍后代,生物时钟就是应这种环境规律性变化所演化出来的,目前发现它普遍存在于各类生物体内。

当我们检视昆虫体内的生物时钟时,发现它在事件尚未发生前就能开始准备,等到事件来临时,它已准备就绪,马上能应付来自生物或物理环境的挑战。举例来说,当天色渐渐暗下来时,一只几天前才羽化的雄蟋蟀仍然蛰伏在地下洞穴中，静待夜晚的来临，然而它体内的能量资源却已开始动员，积极往两个方向运送。

就雄蟋蟀而言，又粗又大的胸肌是提供飞行及"唱歌"（鸣叫）的动力，快速收缩肌肉才能产生足够的动力，这需要有充足的能源补充。另外，生殖系统内必须尽快完成"精苞"的制造，如此，当雌蟋蟀受到雄蟋蟀的歌声引诱前来交尾时，才有精苞可以传送，完成交尾的任务。

为了能够在短时间内，利用一对前翅快速摩擦发出动人的求偶歌声，以吸引心仪的雌性，完成传宗接代的任务，雄蟋蟀的事前准备工作是绝对必须的。而遵守按"表"授课的雄蟋蟀，才有传宗接代的机会。

在昆虫世界充分利用生物时钟表现日常行为的，以蜜蜂为最。大家所熟悉的"蜜蜂语言"，就是以肢体动作来传达食物资源的信息。它主要利用太阳定位，然而太阳的方位会随时变换，因此在不同的时间，传递信息的"蜜蜂语言"势必要进行校正。而且当天气有变化时，譬如一阵雷雨或一场大风造成环境的改变，蜜蜂若再次出巢觅食，也势必要修正它的"语言"，才不会有所失误。这种计算时间的变异而调整行为模式的能力，就是生物时钟功能的充分展现。

生物时钟虽然能提供时间信息，但是无法提供瞬间的信息，让生物作生死抉择。生物时钟只能让生物体内的生化反应，按照特定的时刻表呈现出正常的生命现象，至于与其它生物互动的反应，就往往依赖随机的结果。

例如一只夜行性的雄天蛾，当夜晚来临时，它体内的新陈代谢会从白天的休息状态慢慢复苏。当黑暗完全笼罩大地后，它的生理状况已达活跃的程度，在内在生理及外界刺激下，它起飞去寻找配偶。在飞行途中，触角突然侦测到空气中混有雌天蛾的性荷尔蒙，于是它就循着这些化学轨迹，向雌天蛾所在的地方找去，希望借着夜色的掩护，能避开天敌的捕食，顺利找到配偶。

然而不幸的是，一只饥饿的蝙蝠正利用它所发出的超声波的回音，锁定了这只雄天蛾。如果这时雄天蛾的体能正达高峰，对外界信息的敏感度超强，它就会利用自由落体式的失速方式，马上从正常的飞行轨迹上消失，以逃过一劫。这种生死一瞬间的互动，并不是由生物时钟所掌握，而是由时机来决定的。

奇妙的天生神医之谜

从未进过医学院校，也不用消毒剂、麻醉药和缝合手术，仅凭他的超能力，就能轻松地施行各种外科手术，医治了许多令医学专家们棘手的顽疾，他的"医术"令拉美地区的医学界震惊，他就是被人们誉之为"神医"的巴西人阿里戈。

阿里戈的医术初露头角是在1950年。一个偶然的机会使他和一位严重的肺癌患者巴西参议员比当古同住一家旅馆。半夜，参议员的房门突然开了，只见阿里戈目光迟钝，手执一把剃头刀走了进来。平时讲葡萄牙语的阿里戈，这时却用夹着法国腔的声音说："情况紧急，非得动一次手术不可。"说着就用闪光的剃刀向比当古刺来，参议员不觉得疼痛，却吓得昏了过去。参议员苏醒过来时，房内别无他人。他觉察睡衣被割破了并有一摊血迹，背部肋骨部位有一道明显而平整的切口。第二天，他把伤口给阿里戈看并告诉他昨夜所发生的事，阿里戈虽想不起是怎么回事，但他相信是可能发生的。因为几年来，一阵阵奇怪的医疗幻觉总是困扰着他。他祈祷着：但愿比当古的医生证明他没有做害人的事情。比当古乘飞机到里约热内卢找他的医生，不久传来了令人难以置信的消息：肿瘤已被干净利落地切除了。医生满以为这是在美国做的外科手术，于是参议员才向医生讲明了真相。几天之内，这条新闻通过各种报刊，让全巴西的人们都知道了。此后不久，阿里戈的一位朋友患了子宫癌行将去世。他偕同妻子来到临终病人床前向她告别，就在他低头做祈祷时，他的头脑开始感到刺痛，眼睛也模糊了。突然，他冲到厨房拿起一把刀奔回房里，他命令大家向后靠，便拉下盖在女病人身上的裹尸布，分开了她的两腿，拿刀直接刺入下腹，接着使劲将手伸入切口，用力拉出了一个血淋淋的大瘤，不久，病人完全恢复了健康。很快，这条新闻又震撼了这座小镇。从此，人们开始在阿里戈房子外面排队，恳求他治病。阿里戈曾试图拒绝，但头脑中的一个幻觉不让他安宁，总是要他每天诊治成百的病人。越来越多的医生也开始认真对待阿里戈了。

"神医"阿里戈的消息引起了美国人的注意。1963年8月，美国西北大学的普哈里奇医生等一行4人，专程前往阿里戈的诊所进行实地考查。阿里戈当着他们的面，从病人队伍中拉出一个老人，用一把不锈钢水果刀，从眼皮底下深深插入老人的左眼窝。接着用刀在眼球和内眼睑之间猛刮，把眼珠撬得从眼窝里突了出来，老人没有丝毫疼痛的感觉，而普哈里奇却被吓呆了。就这样，阿里戈仅用一把水果刀，迅速地治愈了许多患者的肿瘤和疾病。没有麻醉，不用催眠术，无防菌方法，出血也极少。这究竟是怎么回事？普哈里奇和他的同行们苦苦思索，仍不得其解。普哈里奇左肘内侧长着一个脂肪瘤，他决心亲自体验一番。手术前，他们精心作了摄影准备。阿里戈用一把巴西折刀，不到10秒钟的工夫，将普哈里奇臂上的肿瘤挖了出来。普哈里奇几乎不敢相信眼前所发生的事。他的臂膀并没有感到疼痛，只是稍有异样的感觉，尽管阿里戈没有做伤口缝合手术，伤口却愈合得很好。普哈里奇一遍又一遍地放映手术影片，影片证实从切口到排除脂肪瘤所花的时间只有5秒钟，动作简直太快，无法辨别他是怎样切除的。他们也仔细研究了拍摄的其他病例的影片，同样也弄不清真相。

1968年8月，普哈里奇医生和由他组织起来的美国科学家小组，再次来到阿里戈的诊所，对阿里戈诊断疾病的能力集中进行研究。办法很简单：阿里戈对病人先作出诊断，然后由科学家小组查看病人的病历和诊断，再将二者作比较：结果发现，阿里戈对其中518个病例诊断的正确性与医生诊断的不相上下，两者的一致程度达到95%。阿里戈不仅能事先不了解病情就可做出正确诊断，更奇怪的是，他还能详尽地指出一个瘫痪病人是15岁时在一次潜水中，折断了颈椎骨而引起瘫痪的。通过对阿里戈治病时拍下的影片研究，美国医生们惊奇的发现，阿呈戈开刀的切口边缘好像会自己"黏合"。他的手术惊人的敏捷和正确，其熟练程度甚至超过经过高级训练的外科医生。真是个奇迹。那么，阿里戈充满了神秘色彩的医术究竟是怎么得来的？这个谜还有待医学工作者继续研究以求得解答。

"大脚怪"的真面目之谜

　　早在2000多年前的美洲，印第安人中就有"大脚怪"的传说，但并没有引起后人的重视，直到20世纪50年代后，关于"大脚怪"的报道日益增多，人们才开始严肃地对待这个问题。据1979年统计，在过去14年内，共有50多人在美洲大陆西北部的偏僻山区见到过"大脚怪"，美国的一位狩猎专家还成功地拍下了"大脚怪"在溪涧用水洗身的情形，一位人类学家看过照片之后。认为它是百分之百的真实，要求对这种濒临绝种的动物予以关注。根据人们的目击报道及现今所掌握的资料，美洲的大脚怪身躯巨大，平均高度2.3米，最高的达3米，矮的也有1.8米，体重可超过300公斤，能直立行走，因此能经常在地上留下巨大的脚印，它的外形似人，体毛呈棕色，间或有灰色、黑色、甚至白色的个体。

　　有人猜测，"大脚怪"很可能是远古巨人族的后裔，这种观点认为，远古巨人族进化到距今10000多年前，由于某种原因，在某个特殊的地理环境中保留了更多的原始性，没有向现代人的方向进化，逐渐变成了大脚怪；但更多的学者根本不相信人类历史上真的有巨人族存在。1989年5月中旬，荷兰一位科学家在埃及进行考古研究工作时，在一座距今5000多年的古墓中发现了一具大脚怪的木乃伊，为解开大脚怪之谜，无疑又打开了一扇窗户。

文波湖里有神龙吗

文波湖位于西藏自治区的中部，唐古拉山南麓，海拔4535米，湖心最深处达几十米，面积约835平方公里，自然景观十分优越。虽然文波湖景色秀丽，鱼类资源丰富，附近的藏民们却轻易不敢下湖捕鱼游玩，这既有藏族神话传说的缘故，也有现实的原因。在藏族的神话传说中，高原上的文波湖是天湖，里面住着神龙，谁要触犯惹怒了神龙，就会招灾降祸。曾经有一个藏民，划着一只木筏想到湖心的一个小岛上去拾鸟蛋，那里鸟类成群，鸟蛋很多。这一天，湖面上一点风都没有，船划得很顺利，很快就要到达湖心布满鸟蛋的小岛了。不料忽然湖水中涌起波浪，木筏被冲得上颠下落，很快一个长脖子的巨大怪物劈波而出，将那个藏民连同木筏一齐拖下水中，再也不见了踪影。人们都说，这个藏民擅闯湖心，惹得神龙发怒了。从此，再也没有人敢擅闯湖心了。这是50多年前发生的一件真事。而到了20世纪70年代，当时文波区的区委书记和另两位同志在文波湖畔，突然看到原本平静如镜的文波湖波浪翻滚，而当时的天气风和日丽，在浪花的翻滚中涌出水面一个硕大的怪物，只见它身子扁平，有一间房子那么大，脖子细而长，脑袋稍小，形状像牛头，皮肤呈黑灰色，在水面上自由自在地游了一会儿又沉入湖中。人们怀疑，这就是传说中的文波湖里的神龙。在文波湖畔，还发生过拴在湖畔树上的牛被不明动物拖下湖的事情。所有迹象表明，文波湖中确实存在某种怪兽，没有人对此表示过怀疑，但这传说中的神龙怪兽是什么，却无人能说清，根据目击者的描述，有人怀疑它与著名的尼斯怪兽可能属同类。